高等职业教育本科教材

互换性与测量技术

第二版

李凤秀　孙莉莉　主编

Interchangeability and Measurement Technology

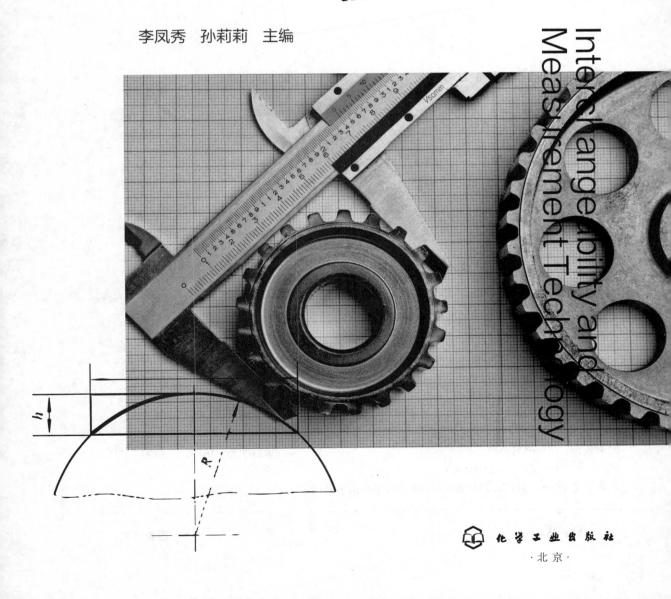

化学工业出版社
·北京·

内容简介

本书根据最新的产品几何技术规范（GPS）国家标准编写，共 10 章，包括绪论、测量技术基础、极限与配合、几何公差、表面结构、光滑极限量规、滚动轴承的互换性、螺纹的公差与配合、渐开线圆柱齿轮精度以及键和矩形花键的互换性。为便于读者学习，适当安排了典型例题，并且每章都配有一定数量的思考题与习题，适用学时为 40～64 学时。

本书可作为高等职业教育本科、专科及成人教育机械类或近机类专业的教材，也可作为企业管理人员、工程技术人员的技术培训教材。

图书在版编目（CIP）数据

互换性与测量技术 / 李凤秀，孙莉莉主编. —2 版.
—北京：化学工业出版社，2022.7
ISBN 978-7-122-41111-2

Ⅰ．①互…　Ⅱ．①李…　②孙…　Ⅲ．①零部件-互换性-高等职业教育-教材　②零部件-测量技术-高等职业教育-教材　Ⅳ．①TG801

中国版本图书馆 CIP 数据核字（2022）第 053569 号

责任编辑：提　岩　于　卉　　　文字编辑：陈立璞
责任校对：王　静　　　　　　　装帧设计：李子姮

出版发行：化学工业出版社 (北京市东城区青年湖南街 13 号　邮政编码 100011)
印　　装：三河市延风印装有限公司
787mm×1092mm　1/16　印张 12¾　字数 353 千字　2022 年 10 月北京第 2 版第 1 次印刷

购书咨询：010-64518888　　　　　　　　　售后服务：010-64518899
网　　址：http://www.cip.com.cn
凡购买本书，如有缺损质量问题，本社销售中心负责调换。

定　　价：38.00 元

前言

"互换性与测量技术"是工科院校机械类专业的一门实用性较强的专业基础课。"互换性"属于标准化范畴，研究如何通过设计公差与配合而合理地解决使用要求和制造难度之间的矛盾；"测量技术"属于计量学范畴，研究如何运用测量手段保证国家标准的贯彻实施。

本书是编者参考了许多同类教材，专门为工科院校"互换性与测量技术"课程编写的，具有以下特点：

① 以精度设计为主线，突出重点。全书共分 10 章，第 1 章为绪论，主要介绍互换性；第 2章介绍测量技术基础；第 3～5 章介绍"极限与配合""几何公差"和"表面结构"，这些内容占实际图纸精度标注的 90%以上，是精度设计的三个重要方面，也是课程的重中之重；第 6 章介绍量规，是检验的主要手段；第 7～10 章介绍滚动轴承、螺纹、齿轮和键联结的互换性。在掌握了三大精度的基础上，学习这些典型零件的公差、配合与检测并不困难。

② 全部采用最新的国家标准。随着技术水平的发展，国家标准不断修订，掌握最新的国家标准便于学生日后更快地适应工作岗位，与国际接轨。

③ 遵循"内容精选、够用为度、适当扩展、便于参考"的原则编写，对于教学和自学都非常方便。如果学时有限，其中的很多内容可以安排学生自主学习。对于应用很少的内容，未做过多介绍；对于较为常用的部分，则提供了大量的标准和图表，在学习和工作的过程中可以作为参考书来使用。

④ 注重举例，选用了较多与生产实际紧密结合的例子，应用性强。

⑤ 涉及大量检测方面的内容，宜结合实验课来学习。

本书由河北石油职业技术大学李凤秀（第 5～8 章）、孙莉莉（第 1～4 章和第 10 章）、吴静然（4.7、5.5、8.4 节，第 9 章）编写，承德元一工控设备有限公司提供技术支持，河北石油职业技术大学赵树忠教授主审。

本书的编写得到了许多同仁的大力支持和帮助，在此表示衷心感谢！

由于编者水平所限，书中不足之处在所难免，恳请广大读者批评指正！

编　者
2022 年 5 月

目录

第4章　几何公差

第5章　表面结构

第6章　光滑极限量规

第 1 章
绪论

【学习目标和要求】

1. 掌握互换性的概念、分类及其在设计、制造、使用、维修等方面的重要作用。
2. 了解互换性和检测的关系，理解检测的重要性。
3. 理解标准和标准化的概念。
4. 了解优先数和优先数系。

本章是本课程最基础的部分，只有掌握了互换性的含义和检测的重要性，才能进一步学习。

1.1 互换性概述

互换性是制造业普遍遵守的原则，在现代化建设中起着非常重要的作用。本章介绍了互换性的基本知识、标准化的概念以及优先数和优先数系。

相关的国家标准如下：

GB/T 20000.1—2014《标准化工作指南 第 1 部分：标准化和相关活动的通用术语》；

GB/T 321—2005《优先数和优先数系》。

1.1.1 互换性的含义

互换性在日常生活中随处可见，例如，灯泡坏了换个新的，手机、电脑的零件坏了也可以换新的，这是因为合格的产品和零部件都具有在材料性能、几何尺寸、使用功能上互相替换的性能，即互换性。广义上说，互换性是指某一产品、过程或服务能用来代替另一产品、过程或服务并满足同样要求的能力。功能方面的互换性称为"功能互换性"，度量方面的互换性称为"尺寸互换性"。

制造业的产品由众多零部件组成，它们由不同的工厂和车间制造出来，经常需要具有互换性。零部件的互换性指的是"在同一规格的一批零部件中任取一件，不需要经过任何选择、修配或调整，就能装配在机器上，并且满足使用要求"的特性，包括几何参数(如尺寸、形状、相对位置、表面质量)、力学性能(如强度、硬度、塑性、韧性)、理化性能(如磁性、化学成分)等各方面的互换，本书只讨论几何参数的互换性。

1.1.2 互换性的分类

(1)按互换程度的不同，可以把互换性分为完全互换性和不完全互换性。

完全互换性简称互换性，零部件装配或更换时不需要经过选择、修配或调整。一般来说，孔和轴加工后只要符合设计要求，就具有完全互换性。

不完全互换性也称有限互换性，在零部件装配时允许附加选择、修配或调整。不完全互换性可以通过分组装配法、修配法、调整法等来实现。

所谓分组装配法，是将加工好的零件按照实际尺寸分为若干组，使每组内的尺寸差别比较小，再按相应组进行装配，大孔配大轴，小孔配小轴，组内零件可以互换，组与组之间不可互换。分组互换既可以保证装配精度和使用要求，又可以降低制造成本。

修配法用补充机械加工或钳工修刮的办法来获得所需的精度，如普通车床尾座部件中的垫板，其厚度需要在装配时进行修磨，以满足头尾座顶尖等高的要求。

调整法也是一种保证装配精度的方法，其特点是在机器装配或使用过程中，对某一特定零件按所需尺寸进行调整。例如在装配减速器的过程中，调整端盖与箱体之间垫片的厚度，使得轴承一端和端盖底端之间留有适当的间隙，如此则温度升高导致轴产生微量伸长时，也不会引发轴向应力致使轴弯曲。

(2)对部件或机构来说，其互换性又可分为内互换性和外互换性。

内互换性是指部件或机构内部、组成零件之间的互换性，外互换性是指部件或机构与其他零部件之间的互换性。例如，滚动轴承内、外圈与滚动体之间的配合为内互换性；滚动轴承内圈与传动轴的配合、滚动轴承外圈与轴承座孔的配合为外互换性。

为使用方便起见，滚动轴承的外互换采用完全互换，内互换则因为组成零件的精度要求较高、加工困难而采用分组装配法，为不完全互换。一般来说，不完全互换只用于厂家内部的装配，厂际协作即使产量不大也采用完全互换。

1.1.3　互换性的作用

互换性原则的应用非常广泛，因为它不仅对生产过程有影响，还涉及产品的设计、制造、使用、维修等各个方面。

(1)在设计方面，零部件具有互换性可以最大限度地采用标准件和通用件，减少设计工作量，缩短设计周期，有利于开展计算机辅助设计和实现产品品种的多样化。例如开发汽车新产品时，可以采用具有互换性的发动机和底盘，不需要重新设计，而把设计重点放在外观等方面，大大缩短了设计与生产准备的周期。

(2)在制造方面，互换性有利于使用高效率的专用设备、组织流水线和自动线，有利于应用计算机辅助制造，从而提高产品质量和生产效率，降低成本。例如在汽车制造业，汽车制造厂通常只生产主要部件，其他大部分零部件采用专业化的协作生产。

(3)在装配方面，具有互换性的零部件不需任何辅助加工，减轻了劳动强度，缩短了装配周期，有利于实现装配过程的机械化和自动化。

(4)在使用和维修方面，具有互换性的零部件可以在出问题时迅速更换，减少了机器的维修时间和费用，提升了使用效率，延长了使用寿命。

综上所述，互换性在提高劳动生产率、保证产品质量和降低生产成本等方面具有重大的意义。互换性原则已成为现代制造业中的重要生产手段和有效的技术措施。应当指出，互换性原则不是在任何情况下都适用的，然而即便如此，也不可避免地要用到具有互换性的刀具或量具，因此互换性确实是基本的技术经济原则。

1.1.4　互换性的实现

任何零件都有一个加工的过程，无论设备的精度和操作工人的水平多么高，加工后的一批同样规格的零部件之间，相对应的实际几何参数(如尺寸、形状、相对位置、表面质量)也不可能完全一样。为了保证几何参数的互换性，需要把零部件的实际几何参数控制在一定的范围内，这个允许的变动范围叫做"公差"。在公差规定的范围内，适用性结论为"合格"，否则为"不合格"。零部件是否合格，需要通过测量和检验来判断。

为了使零部件具有互换性，首先要对几何参数提出公差要求。为了实现互换性生产，必须制定公差标准，使从事机械设计或加工的人员具有共同的技术语言，使各种公差要求具有统一的术语、协调的数据和一致的标注方式。

有了公差标准，还要有相应的检测手段来判定零部件的适用性。在检测过程中，必须保证计量基准和单位的统一，这就需要规定严格的尺寸传递系统。检测结果不仅能用于评定产品质量，还能用于分析产品不合格的原因，以便及时调整生产、预防废品的产生。产品质量的提高，除了设计和加工精度的提高外，往往有赖于检测精度的提高。

综上，制定和贯彻公差标准、合理设计公差、使用相应的检测技术是实现互换性、保证产品质量的必要条件。

1.2　标准与标准化

现代工业生产的特点是规模大、品种多、分工细、协作单位多、互换性要求高。一种产品的制造往往涉及许多部门和企业，为了方便技术上的相互协调、生产环节的相互衔接，必须使独立的、分散的生产部门和生产环节之间保持技术上的统一，标准与标准化正是实现统一的主要途径和手段。

1.2.1　标准

标准是通过标准化活动，按照规定的程序经协商一致制定，为各种活动或其结果提供规则、指南或特性，供共同使用和重复使用的文件。

标准宜以科学、技术和经验的综合成果为基础，是公认的技术规则。

标准可以从不同的角度进行分类，按标准的层次可分为国际标准、区域标准、国家标准、行业标准、地方标准、企业标准等。在世界范围内，共同遵守国际标准；对于需要在全国范围内统一的技术要求,制定国家标准(GB)；对于没有国标又需要在某行业统一的技术要求制定行业标准,如机械标准(JB)；对于需要在某个范围内统一的技术要求可制定地方标准(DB)和企业标准(QB)。

按标准的类别可分为基础标准、术语标准、符号标准、分类标准、试验标准、规范标准、规程标准、指南标准、产品标准、过程标准、服务标准、接口标准、数据待定标准等。这些类别相互间并不排斥，例如，一个特定的产品标准，如果不仅规定了对该产品特性的技术要求，还规定了用于判定该要求是否得到满足的证实方法，也可视为规范标准。

1.2.2 标准化

标准化指的是为了在既定范围内获得最佳秩序、促进共同效益，对现实问题或潜在问题确立共同使用和重复使用的条款以及编制、发布和应用文件的活动。标准化活动确立的条款，可形成标准和其他标准化文件。标准化的主要效益在于为了产品、过程或服务的预期目的改进它们的适用性，促进贸易、交流以及技术合作。

标准化工作包括制定标准、发布标准、组织实施标准和对标准的实施进行监督的全部活动过程。由此可见，标准化是一个不断循环而又不断提高水平的过程。实施标准化可以改进产品、过程和服务的适用性，其目的可能包括但不限于品种控制、可用性、兼容性、互换性、健康、安全、环境保护、产品防护、相互理解、经济绩效、贸易等。

标准化是实现互换性生产的前提，是组织现代化生产的重要手段，是实现专业化生产的必要前提，是联系设计、生产、使用和维修等各方面的纽带，是科学管理的重要组成部分，也是提高产品在国际市场上竞争能力的技术保证。因此，世界上各工业发达国家都高度重视标准化工作。

目前，标准化已发展到一个新的阶段，其特点是标准的国际化。采用国际标准已成为各国技术经济工作的普遍发展趋势。国际标准指国际标准化组织(ISO)、国际电工委员会(IEC)和国际电信联盟(ITU)以及 ISO 确认并公布的其他国际组织制定的标准。为了便于国际贸易和国际技术交流，很多国家都参照国际标准制定本国的国家标准，有些国家甚至不制定本国标准，完全采用国际标准。

我国提出了采用国际标准的三大原则：坚持与国际标准统一协调的原则，坚持结合我国国情的原则，以及坚持高标准、严要求和促进技术进步的原则。1978 年恢复参加 ISO 组织后，我国以国际标准为基础修订了国家标准，二者的一致性程度分为等同(IDT)、修改(MOD)和非等效(NEQ)，其中非等效不属于采用国际标准。

1.3 优先数与优先数系

1.3.1 优先数系和公比

在设计机械产品和制定标准时，产品的性能参数、尺寸规格参数等都要通过数值来表达，而这些数值在生产过程中又是互相关联的。例如，设计减速器箱体上的螺孔时，当螺孔的直径和螺距确定后，与之相配合的螺钉尺寸、加工用的丝锥尺寸、检验用的螺纹塞规尺寸随之而定，甚至攻螺纹前的钻孔尺寸和钻头尺寸、与之相关的垫圈尺寸、轴承盖上通孔的尺寸也随螺孔直径而定，这种参数数值具有扩散传播的特性。工程技术中的参数数值，即使是很小的差别，经过反复传播，也会造成尺寸规格的繁多杂乱，给组织生产、协作配套以及使用维修等带来很大的困难。优先数和优先数系就是对各种技术参数的数值进行协调、简化和统一的一种科学的数值制度，于 1877 年由法国人查尔斯·雷诺(Charles Renard)首先提出。

国家标准规定的优先数系是指公比为 $\sqrt[5]{10}$、$\sqrt[10]{10}$、$\sqrt[20]{10}$、$\sqrt[40]{10}$、$\sqrt[80]{10}$，且项值中含有 10 的整数幂的几何级数的常用圆整值。为纪念雷诺，优先数系又叫 R 数系，各系列分别用 R5、R10、R20、R40 和 R80 表示。数系中的每一个数都为优先数。

优先数的理论值除 10 的整数幂之外均为无理数，应用时要加以圆整。通常取 5 位有效数字作为计算值，供精确计算用，取 3 位有效数字作为常用值。5 个优先数系的公比分别为：

R5 系列：$\sqrt[5]{10} \approx 1.60$ R10 系列：$\sqrt[10]{10} \approx 1.25$

R20 系列：$\sqrt[20]{10} \approx 1.12$ R40 系列：$\sqrt[40]{10} \approx 1.06$

R80 系列：$\sqrt[80]{10} \approx 1.03$

R5、R10、R20、R40 是优先数的基本系列，常用值见表 1-1，对计算值的相对误差在 +1.26%～−1.01% 范围内。一般机械产品的主要参数通常按 R5 系列或 R10 系列选取；专用工具的主要尺寸按 R10 系列；通用零件及工具的尺寸、铸件的壁厚等按 R20 系列。R80 作为补充系列，仅用于分级很细的特殊场合。

表 1-1 优先数系的基本系列(摘自 GB/T 321—2005)

R5	R10	R20	R40	R5	R10	R20	R40	R5	R10	R20	R40
1.00	1.00	1.00	1.00			2.24	2.24		5.00	5.00	5.00
			1.06				2.36				5.30
		1.12	1.12	2.50	2.50	2.50	2.50			5.60	5.60
			1.18				2.65				6.00
	1.25	1.25	1.25			2.80	2.80	6.30	6.30	6.30	6.30
			1.32				3.00				6.70
		1.40	1.40		3.15	3.15	3.15			7.10	7.10
			1.50				3.35				7.50
1.60	1.60	1.60	1.60			3.55	3.55		8.00	8.00	8.00
			1.70				3.75				8.50
		1.80	1.80	4.00	4.00	4.00	4.00			9.00	9.00
			1.90				4.25				9.50
	2.00	2.00	2.00			4.50	4.50	10.00	10.00	10.00	10.00
			2.12				4.75				

1.3.2　优先数系的特点

优先数系是一种十进制的等比级数，级数的项值中包括 1，10，100，$\cdots$，10^n 和 1，0.1，0.01，$\cdots$，10^{-n} 这些数（n 为正整数），按 1$\sim$10，10$\sim$100，$\cdots$和 1$\sim$0.1，0.1$\sim$0.01，$\cdots$划分区间，然后再进行细分。它具有以下特点：

（1）每个区间内，R5 系列有 5 个优先数，即 1、1.6、2.5、4 和 6.3。R10 系列有 10 个优先数，即在 R5 的 5 个优先数中再插入比例中项 1.25、2、3.15、5 和 8。R5 系列的各项数值包含在 R10 系列中，同理 R10 系列的各项数值包含在 R20 系列中，R40 系列的各项数值包含在 R80 系列中。

（2）只要知道一个十进段内的优先数值，其他十进段内的数值就可由小数点的前后移位得到，所以优先数系的项值可从 1 开始，向大于 1 和小于 1 两端无限延伸，简单方便，易学易记易用。

（3）任意相邻两项间的相对差近似不变（按理论值则相对差为恒定值）。如 R5 系列约为 60%，R10 系列约为 25%，R20 系列约为 12%，R40 系列约为 6%，R80 系列约为 3%。按照等差数列分级的话，绝对差不变会导致相对差变化太大，只有按照等比数列分级，才能在较宽范围内以较少规格经济合理地满足要求。

（4）任意优先数经乘法、除法、乘方、开方运算后仍为优先数。很多数学量和物理量的近似值为优先数，如圆周率 π 可取 3.15，重力加速度可取 10，给工程计算带来很大方便。当直径为优先数时，圆的周长和面积、圆柱面的面积和圆柱体的体积、球体的表面积和体积等都是优先数。

1.3.3　派生系列和优先数的选用

为使优先数系具有更宽广的适应性，可以从基本系列 Rr 中，每逢 p 项留取一个优先数，生成新的派生系列，以符号 Rr/p 表示，公比为 $10^{p/r}$。如 R10/3，是从基本系列 R10 中，每 3 项留取一个优先数生成的，即 $\cdots$，1.00，2.00，4.00，8.00，$\cdots$，其公比为 $10^{3/10}\approx2$，又称作倍数系列，应用非常广泛。

在确定产品的参数或参数系列时，如果没有特殊原因而必须选用其他数值的话，只要能满足技术经济上的要求，就应当力求选用优先数，并且按照 R5、R10、R20 和 R40 的顺序，优先选用公比较大的基本系列。如果一个产品的所有特性参数不能同时采用优先数，应使一个或几个主要参数采用优先数；即使是单个参数，也应按上述顺序选用优先数。这样做不仅有利于在产品发展时扩充成系列，而且便于跟其他相关产品协调配套。

当基本系列不能满足要求时，可选用派生系列，优先采用公比较大和延伸项含有项值 1 的派生系列；根据经济性和需要量等不同条件，还可分段选用最合适的系列。

👥　思考题与习题

一、简答题

1. 试述互换性在机械制造中的作用，并列举互换性应用的实例。

2. 互换性怎样分类？各用于何种场合？

3. 试述标准和标准化的意义。

4. 优先数系有哪些特点？R5、R10、R20、R40 和 R80 系列是什么意思？

二、判断题

1. 所有的零件都要求具有互换性。（　　）

2. 互换性就是可装配性。（　　）

3. 互换性按照互换的程度可分为完全互换和不完全互换。（　　）

4. 轴承的外圈、内圈及滚动体在装配时采用的互换性为内互换。（　　）

5. 轴承的内圈与轴在装配时采用的互换性为外互换。（　　）

6. 一个零件经过调整后再进行装配，检验合格，也称为具有互换性。（　　）

7. 现代科技虽然很发达，但要把两个尺寸做得完全相同是不可能的。（　　）

三、综合题

1. 试写出下列基本系列和派生系列中自 1 以后共 5 个优先数的常用值：R5、R10、R10/3。

2. 下面两列数据属于哪种系列？公比为多少？

（1）某机床主轴转速为 50，63，80，100，125，…，单位为 r/min。

（2）表面粗糙度 Ra 的基本系列为 0.012，0.025，0.050，0.100，0.200，…，单位为 μm。

第 2 章
测量技术基础

【学习目标和要求】

1. 了解测量的概念及其四要素。
2. 了解尺寸传递的概念。
3. 掌握量块的基础知识。
4. 理解测量方法的分类及其特点。
5. 理解测量器具的度量指标。
6. 了解测量误差的概念。

本课程研究的主要内容是零件的互换性，而只有合格的零件才具有互换性，所以测量技术基础是本课程的重要组成部分。2.4 节中对各类测量误差的深入分析和测量结果的数据处理要用到概率论的知识，且多用于精密测量，可作为选学内容。

2.1　概述

合理的测量手段是实现互换性设计、互换性生产的技术保证之一。几何量测量(技术测量)是机械产品设计、制造过程中非常重要的工作内容，它对产品的质量、成本、生产组织等方面有着重要影响。本章将主要介绍几何量测量与计量的基本知识。

相关的国家标准如下：

GB/T 6093—2001《几何量技术规范(GPS)　长度标准　量块》；

GB/T 17163—2008《几何量测量器具术语　基本术语》；

JJG 146—2011《量块》。

2.1.1　测量

几何学中空间位置、形状与大小的量称作几何量，一般由一个数乘以测量单位表示特定量的大小，即量值。

测量是为确定量值进行的一组操作，可以通过下面的量值表达式来理解：

$$x = qu \tag{2-1}$$

或

$$q = \frac{x}{u} \tag{2-2}$$

式中，x 表示量值；u 表示测量单位；q 表示被测量的数值。

与给定的特定量的定义一致的值称作真值，按其本性是不确定的。为某一给定目的，被赋予特定量的值称作约定真值，该值有时被约定采用并具有适当不确定度。通常用某量的多次测量结果来确定一个约定真值。

2.1.2　测量的四要素

由测量的定义可以看出，一个完整的测量过程必须包括以下四个要素。

（1）测量对象　技术测量的测量对象主要是各种几何量，包括机械零件上各种几何要素的长度、角度、表面粗糙度、形状与位置等，如图 2-1 所示。

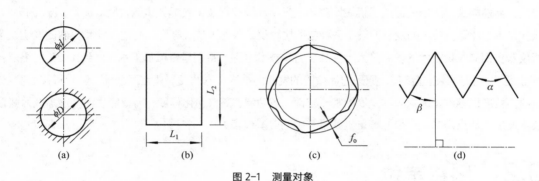

图 2-1　测量对象

（2）测量单位　测量单位是为表示同种量大小而与之比较的，约定地确定和采用的特定量。测量单位具有约定的名称和符号，通常是靠计量器具上的某种具体的形式（如线纹尺、度盘、量块、光波波长等）体现的。我国的法定计量单位以国际单位制（SI）为基础，选用了少数其他单位制的计量单位。长度的主单位是基本单位米（m），在机械制造中广泛使用的是毫米（mm）、微米（μm）；角度的单位是辅助单位弧度（rad），在机械制造中还广泛使用度（°）、分（′）、秒（″）。它们之间的关系是：

$1\text{m} = 10^3\text{mm} = 10^6\text{μm}$

$1\text{rad} = 180°/\pi \approx 57.32°$

$1° = 60′,\quad 1′ = 60″$

（3）测量方法　进行测量时所用的，按类别叙述的一组操作的逻辑次序。测量方法可分为多种，如替代法、微差法、零位法。

（4）测量结果　由测量所得到的并赋予被测量的量值。在给出测量结果时，应说明它是示值、未修正测量结果或已修正测量结果，还应表明是否是几个值的平均。在测量结果的完整表达中应包含测量不确定度，必要时还应说明有关影响量的取值范围。

测量过程中，不可避免地会产生误差。为使测量结果更加准确地反映被测量的真值，不仅需要合理选用测量器具，还需要分析测量误差的来源、减小测量误差，并且对测量误差进行处理。修正系统误差前、后的测量结果分别称为未修正测量结果和已修正测量结果。

本章主要介绍测量单位、测量方法及测量结果三个要素。

2.1.3　几何量测量技术的发展历史

中国是文明古国，有着辉煌的历史。早在商朝就有用来测量长度的象牙尺，秦朝的秦始皇统一了度量衡，西汉时已经有了不带游标的铜制卡尺。1949 年中华人民共和国成立，1955 年成立了国家计量局，随后颁布了一系列计量方面的法令、法规，逐步健全了各级计量组织和科研机构，研发了一大批高水平的计量、测量仪器，使我国在计量、测量领域处于领先地位。这对我国科学技术的发展、工业农业的进步、人民生活水平的改善、国防实力的提升起到了极大的促进作用。

几何量测量技术随着科学技术发展的需要而发展，反过来又促进了科学技术水平的提高。19 世纪中期，人们发明了游标卡尺（分度值 0.02mm），基本上可以满足当时工业生产的需要；20 世纪初，第一次世界大战爆发，武器装备的制造促使人们发明了千分尺；20 世纪 30～40 年代，第二次世界大战爆发，高性能武器的制造促成了机械比较仪、光学比较仪以及工具显微镜的发明。此后，电子技术、激光技术、计算机技术的发展促进了各种电动比较仪、激光干涉仪等现代高精度测量仪器的发明，这些仪器及相关测量技术的发展又大大提高了科学技术水平，特别是机械加工水平。到了 20 世纪末、21 世纪初，扫描隧道显微镜、原子力显微镜的发明为纳米技术的发展奠定了基础。随着科技的发展，目前高精度已不再是测量技术发展的唯一方向，多功能、高自动化程度、高智能化程度逐渐成为测量技术发展的热点需求，三坐标测量机就是其中的典型代表。

2.2　测量单位

在测量过程中，作为测量单位的参照标准量在测量比较的过程中直接影响着测量结果。如果标准量不准，那么测量结果不可能准确；如果标准量不统一，就保证不了产品的质量，无法进行企业之间乃至国家之间的技术合作和贸易。因此，测量过程中必须有统一、可靠、精度足够的标准量，必须建立相应的基准和量值传递系统。

在几何量测量工作中所使用的测量单位，可以溯源到长度基准及角度基准。以长度或角度基准为基础，通过各级计量机构的尺寸传递，最终使用的是具有确定精度的测量单位。

2.2.1　长度基准

长度基准的发展过程经历了古老和现代两个发展阶段。

在古代，人类多以人体某一部分的长度作为长度基准。例如，我国的"尺"（古代"布手知尺"，两拃为 1 尺）；英国的"英尺"（约翰王的足长为 1 英尺）、"英寸"（1 英尺等于 12 英寸）等。随着 1875 年《国际米制公约》的签订，长度基准的发展进入了以科学为基础的现代发展阶段，人们开始不断用科学的方法来定义米制长度的基本单位——"米"。

1791 年，法国首先给出了"米"的定义，当时规定"1 米等于经过巴黎的地球子午线的四千万分之一"。1889 年，在法国巴黎召开了第一届国际计量大会，国际计量局根据法国"米"的定义定制了 30 根铂铱合金基准米尺，从中选出了一根作为统一国际长度单位量值基准米尺(称为"国际米原器")，规定"1 米就是米原器在 0℃时两端的两条刻线间的距离"。这种长度基准的复现不确定度约为 $1.1×10^{-7}(0.11\mu m/m)$。

国际米原器属于实物基准，受金属内部的稳定性、环境因素等影响，其可靠性并不理想。各国要定期将本国的国家基准米尺送往巴黎与国际米原器校对，这也非常不方便。此外，实物基准还容易由于战争、地震等灾害损坏。为此，人们开始考虑将实物基准改为自然基准，即自然界客观存在、不因时间地点等因素变化而变化、可随时随地复现其长度的基准。1960 年，第十一届国际计量大会上决定，采用光波波长作为确定长度基准的依据，定义"1 米等于氪 86 (^{86}Kr) 原子的 $2p_{10}$ 与 $5d_5$ 能级之间跃迁时所对应的辐射在真空中的波长的 1650763.73 倍"，其复现不确定度约为 $4×10^{-9}(4nm/m)$。

现行长度基准"米"的定义是在 1983 年的第十七届国际计量大会上通过的，定义"1 米是光在真空中于 1/299792458 秒的时间内所行进的路程的长度"。这种长度基准的定义是一个开放性的定义，它将长度单位转化为时间单位和真空中的光速(物理常数)的导出值。

只要能获得高频率稳定度的辐射，并能对其频率进行精确的测定，就能够按上面的定义建立精确的长度基准。自 1985 年 3 月起，我国开始使用碘分子饱和吸收稳频的 $0.633\mu m$ 氦氖激光辐射(频率稳定度为 10^{-9})来复现长度基准。目前，国际上少数几个国家能达到 10^{-14} 的频率稳定度。我国在这方面的技术处于领先地位，在 20 世纪 90 年代采用单粒子存储技术，已将辐射频率稳定度提高到 10^{-17}，长度基准复现的不确定度达到了 $2.5×10^{-11}(0.025nm/m)$。

2.2.2　尺寸传递系统

在实际测量工作中，一般不能按定义直接使用长度基准进行测量比较，而是通过法定的尺寸传递，由各级计量部门通过对测量器具的检定或校准，将长度基准量值以一定的精度逐级传递到测量器具上，这样就可通过使用测量器具来实现被测量与作为测量单位的标准量的比较。

对于长度尺寸，其尺寸的传递是通过线纹量具(线纹尺)和端面量具(量块)两条路线进行的。图 2-2 为我国的长度尺寸传递系统。

2.2.3　角度基准与角度量值传递系统

角度也是机械制造中重要的几何参数之一。平面角的角度单位为弧度(rad)及度(°)、分(′)、秒(″)。1rad 是指在一个圆的圆周上截取弧长与该圆半径相等时所对应的中心平面角。由于圆周具有封闭特性，即一个圆周的圆周角 360°等于 2π rad，因此角度无需像长度那样再建立基准。实际工作中一般是用多面棱体、角度(量)块等体现角度基准。

多面棱体是用特殊合金钢或石英玻璃经过精细加工制成的。常见的有 4、6、8、12、24、36、72 等正多面棱体。图 2-3 为一正八面棱体。

以多面棱体为基准的角度量值传递系统如图 2-4 所示。

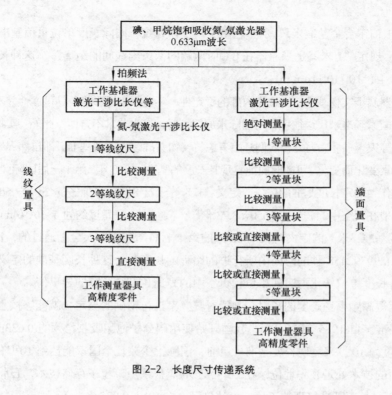

图 2-2　长度尺寸传递系统

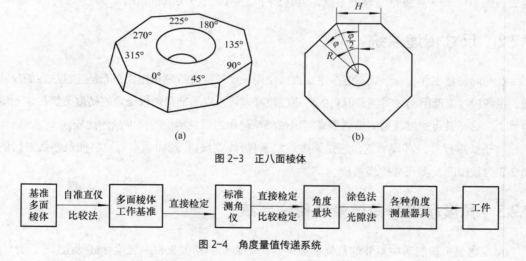

图 2-3　正八面棱体

图 2-4　角度量值传递系统

2.2.4　量块

量块是一种用耐磨材料制造、横截面为矩形、并具有一对相互平行测量面的实物量具，用来以一定的精度体现长度基准，如图 2-5(a) 所示。量块的材料通常是铬锰钢，它具有线膨胀系数小、性质稳定、不易变形、耐磨性好、硬度高等特点。

量块可以作为长度基准的传递媒介，也可以用来检定、校对和调整计量器具，或者直接测量工件的尺寸，还可以用于精密划线或精密调整机床。

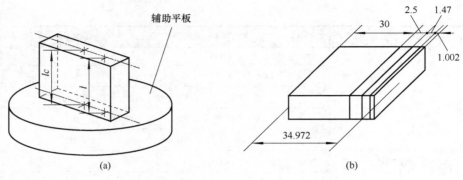

图 2-5　量块

2.2.4.1　量块的主要技术参数

（1）量块长度 l　量块一个测量面上的任意点到与其相对的另一测量面相研合的辅助体表面之间的垂直距离。

（2）量块中心长度 lc　对应于量块未研合测量面中心点的量块长度。

（3）量块标称长度 ln　标记在量块上，用以表明其与主单位（m）之间关系的量值，也称为量块长度的示值。

（4）量块长度变动量 V　量块测量面上任意点中的最大长度 l_{max} 与最小长度 l_{min} 之差。

2.2.4.2　量块的研合性和成套性

由于量块的两测量面都是经过超精研磨制成的，因此测量面的平面度及表面粗糙度都极好。如果将一块量块的测量面沿着另一块量块的测量面滑动同时用手稍加压力，量块表面之间因分子力的作用可相互粘合在一起，称为研合性。

由于量块具有研合性，因此量块通常成套制造、购买、检定和使用。根据需要可从成套量块中选取若干块，研合在一起后即可组合出不同的标准长度尺寸，如图 2-5（b）所示。表 2-1 列出了国家标准推荐的几种常用成套量块的组合尺寸。

表 2-1　成套量块的组合尺寸（摘自 GB/T 6093—2001）

套别	总块数	级别	尺寸系列/mm	间隔/mm	块数
1	91	0, 1	0.5	—	1
			1	—	1
			1.001, 1.002, ……, 1.009	0.001	9
			1.01, 1.02, ……, 1.49	0.01	49
			1.5, 1.6, ……, 1.9	0.1	5
			2.0, 2.5, ……, 9.5	0.5	16
			10, 20, ……, 100	10	10
2	83	0, 1	0.5	—	1
			1	—	1

续表

套别	总块数	级别	尺寸系列/mm	间隔/mm	块数
2	83	0, 1	1.005	1	1
			1.01, 1.02, ……, 1.49	0.01	49
			1.5, 1.6, ……, 1.9	0.1	5
			2.0, 2.5, ……, 9.5	0.5	16
			10, 20, ……, 100	10	10
3	46	0, 1, 2	1	—	1
			1.001, 1.002, ……, 1.009	0.001	9
			1.01, 1.02, ……, 1.09	0.01	9
			1.1, 1.2, ……, 1.9	0.1	9
			2, 3, ……, 9	1	8
			10, 20, ……, 100	10	10
4	38	0, 1, 2	1	—	1
			1.005	1	1
			1.01, 1.02, ……, 1.09	0.01	9
			1.1, 1.2, ……, 1.9	0.1	9
			2, 3, ……, 9	1	8
			10, 20, ……, 100	10	10

【**例 2-1**】　现有 91 块一套的量块，试确定组合 34.972mm 标准长度的量块组的量块尺寸。

解：需要 4 块，分别为 1.002mm、1.47mm、2.5mm、30mm，步骤如下。

$$
\begin{array}{r}
34.972 \\
-\quad 1.002 \quad\text{——第1块量块的尺寸} \\
\hline
33.97 \\
-\quad 1.47 \quad\text{——第2块量块的尺寸} \\
\hline
32.5 \\
-\quad 2.5 \quad\text{——第3块量块的尺寸} \\
\hline
30 \quad\text{——第4块量块的尺寸}
\end{array}
$$

2.2.4.3　量块的精度

量块的精度有两种表示方法。制造后出厂销售时，按制造精度分"级"；购买后，按检定测量精度分"等"。

（1）"级"　量块按其制造时所允许的长度极限偏差和长度变动量分为 K、0、1、2、3 共 5 级，其中 0 级精度最高，3 级精度最低，K 级为校准级。各级量块制造时所允许的长度极限偏差和长度变动量的最大允许值见表 2-2。按"级"使用量块时，将量块的标称长度用作工作尺寸，该工作尺寸可能具有的尺寸误差为量块制造时的长度极限偏差。

表 2-2　各级量块的长度极限偏差 ±t_c 和量块长度变动量的最大允许值 t_v（摘自 GB/T 6093—2001）

标称长度 ln	K 级		0 级		1 级		2 级		3 级	
	±t_c	t_v	±t_c	t_v	±t_c	t_v	±t_c	t_v	±t_c	t_v
mm	μm									
$ln \leq 10$	0.20	0.05	0.12	0.10	0.20	0.16	0.45	0.30	1.00	0.50
$10 < ln \leq 25$	0.30	0.05	0.14	0.10	0.30	0.16	0.60	0.30	1.20	0.50
$25 < ln \leq 50$	0.40	0.06	0.20	0.10	0.40	0.18	0.80	0.30	1.60	0.55
$50 < ln \leq 75$	0.50	0.06	0.25	0.12	0.50	0.18	1.00	0.35	2.00	0.55
$75 < ln \leq 100$	0.60	0.07	0.30	0.12	0.60	0.20	1.20	0.35	2.50	0.60
$100 < ln \leq 150$	0.80	0.08	0.40	0.14	0.80	0.25	1.60	0.40	3.00	0.65
$150 < ln \leq 200$	1.00	0.09	0.50	0.16	1.00	0.25	2.00	0.40	4.00	0.70
$200 < ln \leq 250$	1.20	0.10	0.60	0.16	1.20	0.25	2.40	0.45	5.00	0.75
$250 < ln \leq 300$	1.40	0.10	0.70	0.18	1.40	0.25	2.80	0.50	6.00	0.80
$300 < ln \leq 400$	1.80	0.12	0.90	0.20	1.80	0.30	3.60	0.50	7.00	0.90
$400 < ln \leq 500$	2.20	0.14	1.10	0.25	2.20	0.35	4.40	0.60	9.00	1.00
$500 < ln \leq 600$	2.60	0.16	1.30	0.25	2.60	0.40	5.00	0.70	11.00	1.10
$600 < ln \leq 700$	3.00	0.18	1.50	0.30	3.00	0.45	6.00	0.70	12.00	1.20
$700 < ln \leq 800$	3.40	0.20	1.70	0.30	3.40	0.50	6.50	0.80	14.00	1.30
$800 < ln \leq 900$	3.80	0.20	1.90	0.35	3.80	0.50	7.50	0.90	12.00	1.40
$900 < ln \leq 1000$	4.20	0.25	2.00	0.40	4.20	0.60	8.00	1.00	17.00	1.50

注：距离测量面边缘 0.8mm 范围内不计。

（2）"等"　量块按"级"购买或使用后，根据工作需要可以将其送到相关计量部门进行检定，对其实际长度及长度变动量进行更为精确的检定测量。量块按检定测量精度可划分为 1、2、3、4、5 共 5 等，见表 2-3。其中 1 等精度最高，5 等精度最低。量块一经检定成某一"等"后，通常应用检定测量后得到的实际尺寸作为工作尺寸，该尺寸可能具有的尺寸误差是检定测量时的长度测量不确定度（极限误差）。

表 2-3　各等量块的长度测量不确定度和长度变动量的最大允许值（摘自 JJG 146—2011）

标称长度 ln/mm	1 等		2 等		3 等		4 等		5 等	
	测量不确定度	长度变动量	测量不确定度	长度变动量	测量不确定度	长度变动量	测量不确定度	长度变动量	测量不确定度	长度变动量
	最大允许值/μm									
$ln \leq 10$	0.022	0.05	0.06	0.10	0.11	0.16	0.22	0.30	0.6	0.50
$10 < ln \leq 25$	0.025	0.05	0.07	0.10	0.12	0.16	0.25	0.30	0.6	0.50
$25 < ln \leq 50$	0.030	0.06	0.08	0.10	0.15	0.18	0.30	0.30	0.8	0.55
$50 < ln \leq 75$	0.035	0.06	0.09	0.12	0.18	0.18	0.35	0.35	0.9	0.55
$75 < ln \leq 100$	0.040	0.07	0.10	0.12	0.20	0.20	0.40	0.35	1.0	0.60

续表

标称长度 ln/mm	1 等		2 等		3 等		4 等		5 等	
	测量不确定度	长度变动量	测量不确定度	长度变动量	测量不确定度	长度变动量	测量不确定度	长度变动量	测量不确定度	长度变动量
	最大允许值/μm									
$100<ln\leqslant150$	0.05	0.08	0.12	0.14	0.25	0.20	0.5	0.40	1.2	0.65
$150<ln\leqslant200$	0.06	0.09	0.15	0.16	0.30	0.25	0.6	0.40	1.5	0.70
$200<ln\leqslant250$	0.07	0.10	0.18	0.16	0.35	0.25	0.7	0.45	1.8	0.75
$250<ln\leqslant300$	0.08	0.10	0.20	0.18	0.40	0.25	0.8	0.50	2.0	0.80
$300<ln\leqslant400$	0.10	0.12	0.25	0.20	0.50	0.30	1.0	0.50	2.5	0.90
$400<ln\leqslant500$	0.12	0.14	0.30	0.25	0.60	0.35	1.2	0.60	3.0	1.00
$500<ln\leqslant600$	0.14	0.16	0.35	0.25	0.7	0.40	1.4	0.70	3.5	1.10
$600<ln\leqslant700$	0.16	0.18	0.40	0.30	0.8	0.45	1.6	0.70	4.0	1.20
$700<ln\leqslant800$	0.18	0.20	0.45	0.30	0.9	0.50	1.8	0.80	4.5	1.30
$800<ln\leqslant900$	0.20	0.20	0.50	0.35	1.0	0.50	2.0	0.90	5.0	1.40
$900<ln\leqslant1000$	0.22	0.25	0.55	0.40	1.1	0.60	2.2	1.00	5.5	1.50

注：1. 距离测量面边缘 0.8mm 范围内不计。

2. 表内测量不确定度置信概率为 0.99。

　　一般来说，按"等"使用量块比按"级"使用量块的尺寸精度高。尽管量块经检定测量后可以提高其工作尺寸的精度，但并不是所有的量块都可以检定成任意的"等"别，只有高"级"别的量块才能检定成高"等"别的量块。

2.3　测量方法

　　广义的测量方法指的是测量时所采用的测量原理、测量器具和测量条件(环境和操作者等)的总和。一般意义的测量方法通常是指被测量与标准量比较的方法。

2.3.1　测量方法的分类

2.3.1.1　按测量时读数是否为被测量的全值分

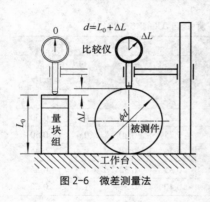

图 2-6　微差测量法

　　(1)直接比较测量法　将被测量直接与已知量值的同种量相比较的测量方法。测量时，从测量器具上可直接读出被测量的全部量值。例如，用游标卡尺测量直径。

　　(2)微差测量法　将被测量与同它只有微小差别的已知同种量相比较，通过测量这两个量值间的差值来确定被测量值的测量方法。测量时，从测量器具上直接读出的是被测量相对于调零标准量的偏差值，将此偏差与调零标准量相加得到的才是被测量的全部量值，如图 2-6 所示。由于调零标准量往往具有较高的精度，因此一般情况下微差测量法的测量精度比直接比较测量法高，但使用的设备及操作过程较为复杂。各种比较仪进行的测量均属于此类。

2.3.1.2　按获得测量结果的途径分

(1) 直接测量法　不必测量与被测量有函数关系的其他量，而能直接得到被测量值的测量方法。

(2) 间接测量法　通过测量与被测量有函数关系的其他量，来得到被测量值的测量方法。

在有些情况下，被测量的量值不易直接测得，或直接测量法不能达到预期的精度要求，此时可以通过间接测量法实现。图 2-7(a)、(b) 分别为间接测量不完整圆盘类零件半径和孔心距的测量示意图。

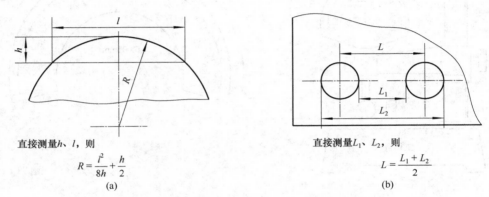

直接测量 h、l，则
$$R = \frac{l^2}{8h} + \frac{h}{2}$$
(a)

直接测量 L_1、L_2，则
$$L = \frac{L_1 + L_2}{2}$$
(b)

图 2-7　间接测量法

2.3.2　测量器具及其分类

测量器具指的是单独地或连同辅助装置一起用以确定几何量值的器具。根据测量器具的原理、结构特点及用途不同，可以分为以下几类。

(1) 测量仪器　测量仪器指的是单独地或连同辅助装置一起用以进行测量的器具。测量仪器对被测量具有转换、放大的能力，常见的有坐标测量机、激光干涉仪、电感传感器、百分表、游标卡尺等。

(2) 实物量具　实物量具指的是使用时以固定形态复现或提供给定量的一个或多个已知量值的器具。实物量具一般没有指示器，不包含测量过程中运动着的测量元件，对被测量没有放大能力，包括钢直尺、螺纹量规、铸铁平板、量块等。

(3) 测量系统　测量系统是由测量器具和辅助装置组成、用于进行特定测量的整体。测量系统可包括实物量具，能够高效率地测量特定工件上的多个几何参数，适用于大批量工件的专门检测。固定安装的测量系统称为测量装备，如高精螺旋线测量装置、连杆参数综合测量装置、滚动轴承套圈专用测量装置等。

2.3.3　测量器具的特性指标

测量器具的特性指标是合理选用及使用测量器具的重要依据，以下仅以指针式机械比较仪为例介绍最常用的几个特性指标。

(1)显示装置　测量仪器显示示值的部件，如图 2-8 中的表盘。

(2)标尺　由一组有序的标记连同相关的标数一起构成显示装置的部分。在图 2-8 中，根据指针相对于标尺标记的位置来确定示值。

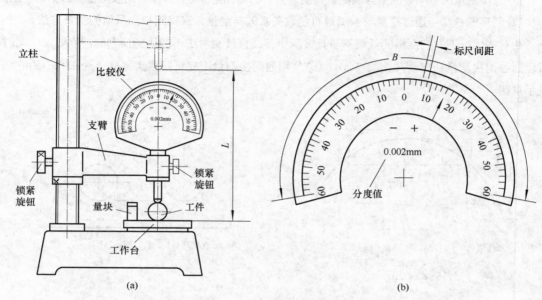

图 2-8　测量器具的特性指标

(3)标尺长度　对于给定的标尺，始末两标尺标记之间且通过全部最短标尺标记中点的光滑连线的长度。

(4)标尺间距　沿着标尺长度的同一条线测得的两相邻标尺标记之间的距离。标尺间距用长度单位表示，与被测量的单位或标注在标尺上的单位无关。为便于观察，标尺间距通常取 1～2.5mm。

(5)标尺间隔/分度值　对应两相邻标尺标记的两个值之差。标尺间隔又称分度值，用标注在标尺上的单位表示，与被测量的单位无关。如图 2-8 中比较仪的分度值为 0.002mm，即一个格代表 0.002mm。分度值反映的是测量器具的读数精度，原则上与测量器具的精度无关，但二者一般是相互协调的，即分度值越小，测量器具的精度越高。

(6)示值　测量器具所给出的量的值。由显示装置上读取的值可称为直接示值，如图 2-8 中指针所指的+16.0，将它乘以仪器常数即为示值+0.0160mm。对于实物量具，示值即为赋予它的值。

(7)示值范围　极限示值界限内的一组值。示值范围可用标注在显示器上的单位表示，与被测量单位无关，通常用其上下限说明，可以理解为测量器具所能显示的被测几何量起始值到终止值的范围。例如图 2-8 中的示值范围 B 为–0.06～+0.06mm，某千分尺的示值范围是 50～75mm。

(8)标称范围　测量仪器的操纵器件调到特定位置时所得到的值的范围，可以理解为测量器具所能测得的被测量的最大值和最小值之差，见图 2-8 中的 L。例如，某机械比较仪的标称范围是 0～180mm，某千分尺的标称范围是 50～75mm。一般来说，用于直接比较测量法的测量器具的标称范围与示值范围相同，而用于微差测量法的测量器具的标称范围要远大于示值范围。

(9) 量程　标称范围两极限值之差的模。对于 50～75mm 的标称范围，其量程为 25mm。

(10) 灵敏度　测量器具的响应变化除以相应的激励变化，即单位被测量 (激励) 变化所引起的测量器具示值 (响应) 变化。灵敏度反映了测量器具对被测量变化的敏感程度。

(11) 示值误差　测量器具与对应输入量的真值之差。由于真值不能确定，实践中使用约定真值。

2.4　测量结果

2.4.1　测量误差的来源

在几何量测量过程中，引起测量误差的因素很多。为提高测量精度，有时要分析测量误差产生的原因，计算各误差因素对测量结果的影响程度并设法减小这些影响。测量误差的来源主要有以下几个方面。

2.4.1.1　测量器具误差

测量器具误差是指测量器具本身在设计、制造和使用过程中引起的误差，包括以下几部分。

(1) 原理误差　为简化设计，相当一部分测量器具采用的测量变换原理都是近似的，由此产生的测量误差称为原理误差。例如，杠杆齿轮比较仪中测杆的直线位移与指针的角位移不是线性关系，但表盘却采用了等分刻度；电动量仪中忽略放大、整流、滤波等电路的非线性或非线性补偿不完全等，都属于原理误差。

还有一类原理误差是由于违反阿贝原则造成的，即阿贝 (Ernst Abbe) 误差。阿贝原则说的是被测量轴线只有与标准量的测量轴线重合或在其延长线上时，测量才会得到精确的结果。由此可见，千分尺、内径千分尺等测量器具符合该原则，游标卡尺不符合。

(2) 测量标准误差　测量器具中用来体现标准量 (测量单位) 的基准件 (如量块、线纹尺、光波波长等) 的各种误差，也将以一定的关系反映到测量结果中。

(3) 制造、装配、调整误差　测量器具组成零部件的制造、装配、调整误差也会产生测量误差。如游标卡尺刻线的刻划误差、指示表盘刻线分布圆心与指针的回转轴线有安装偏心等。

(4) 使用误差　测量器具在使用一段时间后，其组成零部件的变形、磨损，电子元件参数的改变等，也会产生测量误差。

2.4.1.2　测量方法误差

测量方法误差指的是由于测量方法不完善而引起的测量误差。

(1) 安装、定位误差　例如图 2-9(a) 中的被测直径未能正确放置在测头下，所测得的长度不是被测件的直径；在图 2-9(b) 中，安装时测量线方向相对被测件的直径发生了倾斜，所测得的也不是被测件的直径。

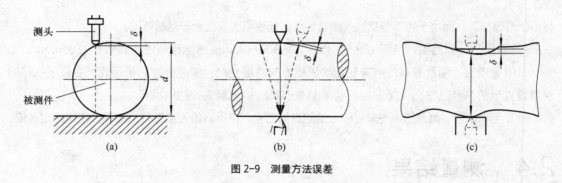

图 2-9　测量方法误差

(2) 测头形式不合理　在图 2-9(c)中，欲测局部尺寸，合理的方法是采用两点式测头。若采用平端面圆柱测头，则必然产生测量误差。

(3) 基准不统一　基准统一原则是测量的基本原则之一，测量时应根据测量的目的选择测量基准。对中间(工艺)测量应选工艺基准为测量基准，对终结(验收)测量应选设计基准为测量基准。测量基准不满足上述条件将会造成测量误差。

(4) 采用近似的计算公式　例如测量大圆柱直径 D 时，先测量周长 L，再按照 $D = L / \pi$ 计算求得 D。由于 π 是无理数，D 的结果必然会因 π 取近似值而产生误差。

(5) 测量力误差　在接触测量中，测量力会引起测头及工件材料的变形而产生测量误差。当对测量误差有比较严格的要求时，要通过计算对测量力误差进行修正。

2.4.1.3　测量环境误差

测量环境误差指的是由于测量时的环境条件不符合标准条件引起的测量误差。环境条件是指温度、湿度、振动、气压、灰尘等，其中温度对测量结果的影响最大。根据国家标准的规定，测量的标准温度为 20℃。若测量环境使被测件的温度及计量器具的温度偏离了标准温度，则会引起测量误差。

2.4.1.4　人员误差

人员误差指的是由于操作者主观上的因素(情绪、疲劳、技术熟练程度、眼睛的分辨能力、瞄准习惯等)产生的测量误差。

2.4.2　测量误差的表示方法

(1) 测量误差　测量结果(测得值)减去被测量的真值。若用 E_a 表示测量误差(本章中简称误差)，x 表示测得值，T 表示被测量的真值，则

$$E_a = x - T \tag{2-3}$$

由于真值不能确定，实际上用的是约定真值。此外，测量误差是代数差，可以是负值、零或正值。

(2) 绝对误差和相对误差　绝对误差就是定义所指的测量误差，其大小在一定程度上反映了

测量精度的高低。但是对于大小不同的被测量,用绝对误差显得不太合理,故此规定了相对误差。绝对误差除以被测量的真值就是相对误差,用 E_r 表示,通常写成百分数。由于真值不能确定,实际上用的是约定真值,也可以用测得值来计算近似结果,即

$$E_r = (E_a / T) \times 100\% \approx (E_a / x) \times 100\% \tag{2-4}$$

根据相对误差,可以对大小不同的被测量的测量精度进行比较。相对误差的绝对值越小,则测量精度越高。如果两个被测量的大小分别为 $x_1 = 30mm$ 和 $x_2 = 50mm$,绝对误差分别为 $E_{a1} = +0.03mm$ 和 $E_{a2} = -0.04mm$,则其相对误差分别为 $E_{r1} = +0.1\%$ 和 $E_{r2} = -0.08\%$,可知后者的测量精度高于前者。

2.4.3　误差分类和测量精度

2.4.3.1　测量误差的分类

根据特点和性质,测量误差可分为以下三类。

(1)随机误差　在重复性条件下,测量结果(测得值)与对同一被测量进行无限多次测量所得结果的平均值之差。因为测量只能进行有限次数,故可能确定的只是随机误差的估计值。

重复性条件包括相同的测量程序、相同的观测者、在相同的条件下使用相同的测量仪器、相同地点、在短时间内重复。随机误差的大小和符号均以不可预测的方式出现,但若把重复性条件下多次测量的随机误差看成一个总体,那么这一总体中,随机误差的大小、符号却是按一定的分布规律(如正态分布、均匀分布、t 分布等)分布的。

随机误差无法避免,也无法完全消除,只能用概率论和数理统计的方法减小其影响,估计出在一定置信概率下误差可能出现的范围(极限误差)。

(2)系统误差　在重复性条件下,对同一被测量进行无限多次测量所得结果的平均值与被测量的真值之差。如真值一样,系统误差及其原因不能完全获知。随机误差与系统误差的和就是测量误差。在多次测量同一被测量时,系统误差的大小和符号不变,例如因千分尺零位不正确而产生的误差。

根据对误差的掌握情况,系统误差还可分为已定系统误差和未定系统误差两类。已定系统误差指的是已被测量者掌握的系统误差,未定系统误差则正好相反。对已定系统误差可以引入修正值或修正因子加以补偿,对未定系统误差可以估计出误差的范围,然后按随机误差处理。

(3)粗大误差　粗大误差指的是超出预计的测量误差,可以理解为明显歪曲测量结果的误差。这类误差往往是由测量者主观上的操作过失(读数错误、瞄准错误或被测件安装出现较大误差等)或客观上测量条件的意外变化(突发振动、电脉冲干扰等)导致的。

粗大误差的存在会明显歪曲测量结果,所以含有粗大误差的测量结果是不能用的。对这类误差的处理原则是:按一定的判别准则找出含有粗大误差的测得值,然后将它们从测得值序列(观测列)中剔除。

2.4.3.2　测量精度的表述方法

人们经常提到的关于测量精度的术语主要有测量的准确度、精密度、精确度、不确定度等,

下面逐个介绍。

(1)准确度　测量结果与被测量真值之间的一致程度，反映的是测量结果中所含系统误差的大小。系统误差越小，准确度越高。

(2)精密度　精密度反映的是测量结果中所含随机误差的大小。随机误差越小，精密度越高。

(3)精确度　精确度(简称精度)是准确度和精密度的综合，是对测量结果中所含系统误差与随机误差的综合反映。只有当准确度、精密度两者都高时，测量的精确度才高。图 2-10 所示的打靶结果示意说明了上述三个术语的意义及相互之间的关系。

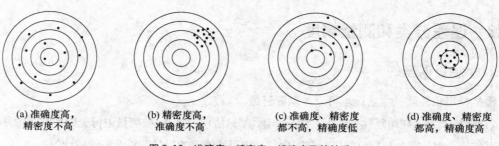

(a) 准确度高，
精密度不高

(b) 精密度高，
准确度不高

(c) 准确度、精密度
都不高，精确度低

(d) 准确度、精密度
都高，精确度高

图 2-10　准确度、精密度、精确度及其关系

(4)测量不确定度　与测量结果相联系的参数，表征可被合理地赋予被测量的量值的分散特性，可以是诸如标准偏差或其倍数，或是已说明了置信水平的区间的一半宽度。在修正掉已定系统误差、剔除掉粗大误差后，测量结果中还含有随机误差和未定系统误差。这两类误差是估计被测量真值范围(真值对测量结果的分散性)的基本依据。

以标准偏差表示的测量不确定度称为标准不确定度，它可以用对观测列进行统计分析的方法来评定(不确定度的 A 类评定)，也可以用不同于对观测列进行统计分析的方法来评定(不确定度的 B 类评定)，如根据以前的测量数据、测量器具的产品说明书、检定证书、技术手册等有关资料评定不确定度。

2.4.4　随机误差的处理

2.4.4.1　随机误差的分布规律

随机误差是由测量过程中一些不稳定的、随机变化的因素导致的，如温度的波动、计量器具中传动间隙的变化、示值变动、测力不稳定等。实验表明，除少数情况外，测量的随机误差大多服从正态分布。

表 2-4 为在相同的测量条件下对某轴销的同一部位进行 200 次测量后得到的 200 个测量结果的统计表。测量结果中已消除了系统误差和粗大误差的影响，差异是由随机误差引起的。测得值的最大值为 20.012mm，最小值为 19.990mm。把这一分布区间再细分为 11 个小区间，即对测得值按大小进行分组统计，可得到测得值落在分布区间内的详细具体情况(统计学中的直方图)。

表 2-4　测量结果统计表

组序号 i	分组区间/mm	区间中值/mm	频数 n_i	频率 n_i/N
1	19.990~19.992	19.991	2	0.01
2	19.992~19.994	19.993	4	0.02
3	19.994~19.996	19.995	10	0.05
4	19.996~19.998	19.997	24	0.12
5	19.998~20.000	19.999	37	0.185
6	20.000~20.002	20.001	45	0.225
7	20.002~20.004	20.003	39	0.195
8	20.004~20.006	20.005	23	0.115
9	20.006~20.008	20.007	12	0.06
10	20.008~20.010	20.009	3	0.015
11	20.010~20.012	20.011	1	0.005
区间间隔 $R = 0.002\text{mm}$	算术平均值 $\bar{x} = \dfrac{1}{N}\sum\limits_{i=1}^{N} x_i = 20.001\text{mm}$	测量结果总数 $N = \sum\limits_{i=1}^{11} n_i = 200$	$\sum\limits_{i=1}^{11}(n_i/N) = 1$	

以测得值 x 为横坐标、测得值出现在某一区间内的频率 n_i/N 为纵坐标作图，可以得到如图 2-11 所示的统计直方图，各区间中点连成的折线称为实际分布曲线。如果测量次数 $N \to \infty$，分组区间的间隔 $\Delta x \to 0$，则可得到如图 2-12 所示的光滑分布曲线。这是一条正态分布曲线，其纵坐标 $f(x)$ 称为概率密度。

由概率论可知，正态分布的概率密度函数为

$$f(x) = \frac{1}{\sqrt{2\pi}\sigma} e^{-\frac{(x-\mu)^2}{2\sigma^2}} \tag{2-5}$$

式中，$f(x)$ 为概率密度；μ 为数学期望；σ 为标准偏差。

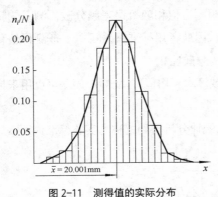

图 2-11　测得值的实际分布

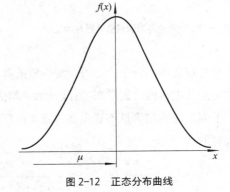

图 2-12　正态分布曲线

2.4.4.2　随机误差的特性

服从正态分布的随机误差具有以下几个特性。

（1）单峰性　绝对值小的随机误差比绝对值大的随机误差出现的概率大。从分布曲线及概率密度函数中也可以看出，在 $x=\mu$ 处存在一个峰值，此时随机误差为 0，出现的概率最大。

（2）对称性　绝对值相等、符号相反的随机误差出现的概率相等。

（3）抵偿性　对同一被测量进行无限多次测量，所有随机误差的代数和等于零。

（4）有界性　在一定的测量条件下，随机误差的分布范围是有限的，即随机误差的绝对值不会超过一定的界限。

利用上述特性，可以用数理统计的方法分析、处理测量的随机误差，尽可能减小随机误差对测量结果的影响。

2.4.4.3　算术平均值

任何一次测量的结果都可能含有随机误差，那么如何获得最可信赖即随机误差最小的测量结果呢？如果进行多次测量，得到一系列结果 $x_i(i=1,2,\cdots,n)$，由于随机误差具有抵偿性，当测量次数 $n \to \infty$ 时，算术平均值 $\bar{x} \to \mu$。

尽管实际测量中重复测量的次数 n 都是有限的（通常为几次至几十次），取算术平均的过程中仍可抵消掉一部分随机误差。所以在多次重复测量时，通常以测得值的算术平均值作为测量结果。

2.4.4.4　标准偏差

概率密度函数反映了不同大小的随机误差出现的概率密度。对于某一种测量方法，正态分布概率密度函数中的标准偏差 σ 是唯一影响正态分布曲线形状（测得值分散性）的指标。图 2-13 给出了对应于三个不同大小标准偏差的正态分布曲线。从图中可以看出，σ 越小，曲线越陡且峰值越大，表明测得值和随机误差越集中，分散性越小，测量的精密度越高；σ 越大，曲线越平坦且峰值越小，表明测得值和随机误差越分散，测量的精密度越低。因此，用标准偏差可以表征测得值和随机误差的分散性。

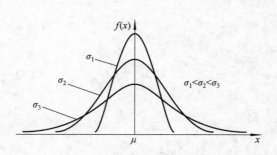

图 2-13　标准偏差对测得值分散性的影响

正态分布曲线的分布中心对应测得值的数学期望（或算术平均值），而标准偏差可以用来描述测得值之间及测得值对数学期望（或算术平均值）的分散性。

标准偏差是确定测量不确定度的基本依据，通常由统计分析得到，称为实验标准偏差 s。其计算公式为

$$s = \sqrt{\frac{r_1^2 + r_2^2 + \cdots + r_n^2}{n-1}} = \sqrt{\frac{\sum\limits_{i=1}^{n} r_i^2}{n-1}} \tag{2-6}$$

该式也称为贝塞尔（Bessel）公式。式中

$$r_i = x_i - \bar{x} \tag{2-7}$$

称为残余误差或剩余误差（简称残差）。它是在真值不能确定的情况下，为体现误差的特性，用算术平均值作为被测量 x 的约定真值而引入的参数。残余误差有两个性质：

① 所有残差的代数和等于零，即 $\sum_{i=1}^{n} r_i = 0$ ；

② 所有残差的平方和为最小，即 $\sum_{i=1}^{n} r_i^2 = \min$ 。

残余误差的第一个性质可以用来检验算术平均值和残余误差计算的正确性。残余误差的第二个性质表明，以算术平均值作为测量结果比用任一个测得值作为测量结果更为合理。

单次测量的测得值是随机变量，其分散性用单次测得值的标准偏差表征。而由多个单次测得值计算得到的算术平均值也是一个随机变量，其本身对真值也有随机误差，只不过分散性比单次测得值要小。如果在相同的条件下对同一被测量进行若干组"n 次重复测量"，则可以发现各组测得值的算术平均值也不尽相同，表明各算术平均值对真值、各算术平均值之间也有一定的分散性（图 2-14）。通过重复测量还可以发现，重复测量的次数 n 越多，算术平均值的分散性越小，算术平均值越接近真值。

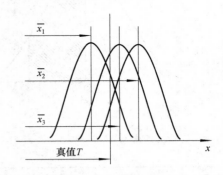

图 2-14　算术平均值的分散性

算术平均值分布的标准偏差称为平均实验标准偏差，算式为 $s/\sqrt{n}$ 。增加重复测量次数 n，可以减小平均实验标准偏差，但在实际测量工作中 n 不宜过大。一方面当 n 大到一定程度后，影响就变得不太明显，另一方面过多的测量次数会带来更多、更大的测量误差。通常 n 取几次至十几次为宜。

2.4.4.5　极限误差

测量的极限误差指的是测量误差不可能超过的极限。由概率密度函数的定义可知，随机误差 δ 落在任意区间 $[\delta_1, \delta_2]$ 内的概率 $P[\delta_1, \delta_2]$（图 2-15 中阴影部分的面积）为

$$P[\delta_1, \delta_2] = \int_{\delta_1}^{\delta_2} p(\delta) \mathrm{d}\delta = \frac{1}{\sigma\sqrt{2\pi}} \int_{\delta_1}^{\delta_2} \mathrm{e}^{-\frac{\delta^2}{2\sigma^2}} \mathrm{d}\delta \quad (2\text{-}8)$$

令 $z = \delta/\sigma$ 表示随机误差对标准偏差的比值（倍数），则上式变成

$$P[z_1, z_2] = \frac{1}{\sqrt{2\pi}} \int_{z_1}^{z_2} \mathrm{e}^{-\frac{z^2}{2}} \mathrm{d}z \quad (2\text{-}9)$$

若 $[z_1, z_2]$ 取为单向区间 $[0, z]$，如图 2-16（a）所示，则

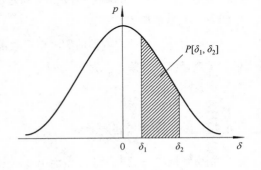

图 2-15　随机误差落在 $[\delta_1, \delta_2]$ 之间的概率

$$P[0, z] = \Phi(z) = \frac{1}{\sqrt{2\pi}} \int_0^z \mathrm{e}^{-\frac{z^2}{2}} \mathrm{d}z \quad (2\text{-}10)$$

若 $[z_1, z_2]$ 取为对称区间 $[-z, z]$，如图 2-16（b）所示，则

$$P[-z,z] = 2\Phi(z) = \frac{2}{\sqrt{2\pi}} \int_0^z e^{-\frac{z^2}{2}} dz \qquad (2\text{-}11)$$

式中，$\Phi(z)$ 称为概率积分函数或拉普拉斯（Laplace）函数，其值只与 z 有关。部分 $\Phi(z)$ 及 $2\Phi(z)$ 的值见表 2-5。

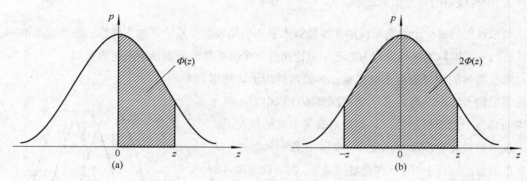

图 2-16　概率积分函数

表 2-5　概率积分 $\Phi(z)$ 的值

z	$\Phi(z)$	$2\Phi(z)$	z	$\Phi(z)$	$2\Phi(z)$	z	$\Phi(z)$	$2\Phi(z)$
0	0.0000	0.0000	1.96	0.4750	0.9500	3	0.4986	0.9973
1	0.3413	0.6827	2	0.4772	0.9544	4	0.5000	1.0000

由表 2-5 可以看出，随机误差落在 $[-3\sigma,+3\sigma]$ 内的概率为 0.9973，这相当于测量 370 次才可能有一次（概率为 0.27%）超出此界限。实际测量中的测量次数通常不超过几十次，因此把 $[-3\sigma,+3\sigma]$（或表示成 $\pm3\sigma$）作为测量极限误差，并用 $\delta_{\lim}$ 表示，即

$$\delta_{\lim} = \pm3\sigma \qquad (P = 0.9973) \qquad (2\text{-}12)$$

极限误差所对应的误差范围 $\pm3\sigma$ 称为置信限（注：实际工作中也有采用其他置信限的），括号中的 P 称为置信概率。

上面讨论的是单次测得值的测量极限误差。如果是多次测量，应该用算术平均值表示测量结果，其测量极限误差 $\delta_{\lim\bar{x}}$ 为

$$\delta_{\lim\bar{x}} = \pm3\sigma_{\bar{x}} \qquad (P = 0.9973) \qquad (2\text{-}13)$$

2.4.4.6　测量结果的表示

测量结果的正确表示是应该给出被测量真值可能存在的范围（而不是一个具体的量值），必要时还要给出置信概率。如果观测列中不含系统误差及粗大误差，则测量结果如下。

单次测量时，应该用单次测量的测得值 x 表示测量结果，即

$$x_0 = x \pm 3\sigma \qquad (P = 0.9973) \qquad (2\text{-}14)$$

它所表示的含义是：被测量的真值有 0.9973 的概率是在 $[x-3\sigma, x+3\sigma]$ 的范围内。

多次重复测量时，应该用多个测得值的算术平均值 $\bar{x}$ 表示测量结果，即

$$x_0 = \bar{x} \pm 3\sigma_{\bar{x}} \quad (P = 0.9973) \tag{2-15}$$

它所表示的含义是：被测量的真值有 0.9973 的概率是在 $[\bar{x} - 3\sigma_{\bar{x}}, \bar{x} + 3\sigma_{\bar{x}}]$ 的范围内。

【**例 2-2**】 用立式光学比较仪对某零件的直径进行了 10 次重复测量，10 个测得值如下：22.0360mm、22.0365mm、22.0362mm、22.0364mm、22.0367mm、22.0363mm、22.0366mm、22.0363mm、22.0366mm、22.0364mm。假设测得值中已不存在系统误差和粗大误差，试给出该直径的测量结果。

解： 为便于计算，将有关数据列入表 2-6 中。

表 2-6　例题 2-2 数据表

i	x_i / mm	$v_i = x_i - \bar{x}$ / mm	v_i^2 / mm^2
1	22.0360	−0.0004	1.6×10^{-7}
2	22.0365	+0.0001	1×10^{-8}
3	22.0362	−0.0002	4×10^{-8}
4	22.0364	0	0
5	22.0367	+0.0003	9×10^{-8}
6	22.0363	−0.0001	1×10^{-8}
7	22.0366	+0.0002	4×10^{-8}
8	22.0363	−0.0001	1×10^{-8}
9	22.0366	+0.0002	4×10^{-8}
10	22.0364	0	0
$n = 10$	$\sum\limits_{i=1}^{10} x_i = 250.364$ $\bar{x} = 25.0364$	$\sum\limits_{i=1}^{10} v_i = 0$	$\sum\limits_{i=1}^{10} v_i^2 = 4 \times 10^{-7}$

（1）计算测得值的算术平均值。

$$\bar{x} = \frac{1}{n}\sum_{i=1}^{n} x_i = \frac{1}{10}\sum_{i=1}^{10} x_i = 25.0364 \text{(mm)}$$

（2）估计单次测得值的标准偏差，并计算算术平均值的标准偏差。

$$\sigma = \sqrt{\frac{\sum\limits_{i=1}^{n} v_i^2}{n-1}} = \sqrt{\frac{\sum\limits_{i=1}^{10} v_i^2}{10-1}} = \sqrt{\frac{4 \times 10^{-7}}{9}} \approx 0.00021 \text{(mm)}$$

$$\sigma_{\bar{x}} = \frac{\sigma}{\sqrt{n}} = \frac{0.00021}{\sqrt{10}} \approx 0.00007 \text{(mm)}$$

（3）计算算术平均值的极限误差。

$$\delta_{\lim \bar{x}} = \pm 3\sigma_{\bar{x}} = \pm 3 \times 0.00007 = \pm 0.0002 \text{(mm)} \quad (P = 0.9973)$$

（4）写出被测直径的测量结果。

$$x_0 = \bar{x} \pm \delta_{\lim \bar{x}} = \bar{x} \pm 3\sigma_{\bar{x}} = 25.0364 \pm 0.0002 \text{(mm)} \quad (P = 0.9973)$$

2.4.5　系统误差的处理

分析处理系统误差的关键在于，发现可以用实验对比的方法。例如按标称长度使用量块时，量块的制造误差会带来测量结果的系统误差。此时用高精度仪器测量量块的实际尺寸，或者用高一级以上的量块进行对比测量，就能够发现这个系统误差。

常用的消除系统误差的方法有以下几种。

（1）从产生误差的根源上消除　这是消除系统误差最根本的方法。在测量前，应对测量过程中可能产生系统误差的环节做仔细分析，力求消除系统误差。例如，仔细调整工作台、调准零位、保证标准温度、正对指针进行读数等。

（2）用加修正值的方法消除　这种方法需要预先检定出测量器具的系统误差，取相反数作为修正值，加到测得值上。若用 $\Delta_{定}$ 表示检定出的系统误差，则修正值

$$K = -\Delta_{定} \tag{2-16}$$

（3）用两次读数法消除　如果可以测出两个包含大小相等、符号相反系统误差的测得值，那就可以将它们取平均值来消除系统误差。例如在工具显微镜上测量螺纹的螺距时，如图 2-17 所示，若螺纹的轴线与仪器工作台纵向移动的方向不一致，则会使测得的左、右螺距不等于螺距的真值，一个产生正误差(偏大)，一个产生负误差(偏小)，而且误差的大小是相同的。此时可分别测出左、右螺距，取二者的平均值作为螺距的测量结果。

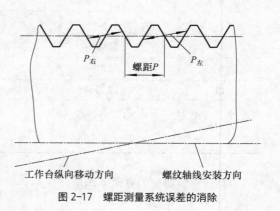

图 2-17　螺距测量系统误差的消除

2.4.6　粗大误差的处理

粗大误差的特点是绝对值比较大，对测量结果产生了明显的歪曲，因此必须从观测列中将含有粗大误差的结果剔除掉。剔除时不能靠主观臆断，而应根据误差的特点用判别准则加以判断。按照不同的测量特点，粗大误差的判别准则有莱依达准则、肖维纳准则、狄克松准则、格拉布斯准则等。其中，最简单、常用的是莱依达准则。

莱依达准则也称为 3σ 准则。考虑到大部分测量的随机误差都服从正态分布规律，随机误差的绝对值超过 3σ 的概率只有 0.27%，为小概率事件，故可认为凡是残余误差的绝对值超过 3σ，

对应的测得值都含有粗大误差，应予剔除。

2.4.7　测量误差的合成

在具体的某项测量工作中，影响测量误差的因素可能会有许多。这些因素按其性质、来源以不同的方式和程度影响着测量误差。将各种因素的误差按一定的原则或规律综合成测量结果的总误差，称为误差的合成。

2.4.7.1　误差传递的规律

设某项测量的测量结果 $y = f(x_1, x_2, \cdots, x_n)$，其中 $x_1, x_2, \cdots, x_n$ 是影响测量结果的因素，则它们之间的误差关系为

$$\mathrm{d}y = \frac{\partial y}{\partial x_1}\mathrm{d}x_1 + \frac{\partial y}{\partial x_2}\mathrm{d}x_2 + \cdots + \frac{\partial y}{\partial x_n}\mathrm{d}x_n \tag{2-17}$$

用微分的方式表示则为

$$\Delta y \approx \frac{\partial y}{\partial x_1}\Delta x_1 + \frac{\partial y}{\partial x_2}\Delta x_2 + \cdots + \frac{\partial y}{\partial x_n}\Delta x_n \tag{2-18}$$

由此可见，y 的变化（误差）Δy 除了与 $x_i (i = 1, 2, \cdots, n)$ 的变化（误差）有关外，还与 $\frac{\partial y}{\partial x_i}$ 有关。$\frac{\partial y}{\partial x_i}$ 称为因素 x_i 对测量结果 y 的误差传递系数，用 C_i 表示，即

$$C_i = \frac{\partial y}{\partial x_i} \tag{2-19}$$

2.4.7.2　误差合成的原则

分析测量结果的总误差时，应根据误差的性质对各影响测量结果因素的误差进行合成。

（1）已定系统误差的合成　已定系统误差按代数和的原则进行合成，总的已定系统误差等于各影响因素的已定系统误差乘以误差传递系数后的代数和，即

$$\begin{aligned}
\Delta_{已y} &= \frac{\partial f}{\partial x_1}\Delta_{已x_1} + \frac{\partial f}{\partial x_2}\Delta_{已x_2} + \cdots + \frac{\partial f}{\partial x_n}\Delta_{已x_n} \\
&= C_{x_1}\Delta_{已x_1} + C_{x_2}\Delta_{已x_2} + \cdots + C_{x_n}\Delta_{已x_n} \\
&= \sum_{i=1}^{n}\left(C_{x_i}\Delta_{已x_i}\right)
\end{aligned} \tag{2-20}$$

对于直接测量法，取 $C_{x_i} = 1$。

（2）随机误差的合成　随机误差按先取平方和再开平方的原则进行合成，总的随机误差等于各影响因素的随机误差乘以误差传递系数后的平方和再开平方，即

$$\delta_{\lim y} = \pm\sqrt{\left(C_{x_1}\delta_{\lim x_1}\right)^2 + \left(C_{x_2}\delta_{\lim x_2}\right)^2 + \cdots + \left(C_{x_n}\delta_{\lim x_n}\right)^2}$$

$$= \pm\sqrt{\sum_{i=1}^{n}\left(C_{x_i}\delta_{\lim x_i}\right)^2} \tag{2-21}$$

在进行随机误差的合成时，各随机误差的置信概率必须相同（例如均为 0.9973）。对于直接测量法，取 $C_{x_i}=1$。

（3）未定系统误差的合成　对于未定系统误差，虽然它们影响测量结果的大小和符号都是确定的，但测量者是不知道的。测量者通常只能估计出这些误差的极限范围，因此一般把它们视为随机误差来处理，对其极限值乘以误差传递系数后先取平方和再开平方，即

$$\Delta_{\hat{x}y} = \pm\sqrt{\left(C_{x_1}\Delta_{\hat{x}x_1}\right)^2 + \left(C_{x_2}\Delta_{\hat{x}x_2}\right)^2 + \cdots + \left(C_{x_n}\Delta_{\hat{x}x_n}\right)^2}$$

$$= \pm\sqrt{\sum_{i=1}^{n}\left(C_{x_i}\Delta_{\hat{x}x_i}\right)^2} \tag{2-22}$$

对于直接测量法，取 $C_{x_i}=1$。若同时存在随机误差和未定系统误差，则可在置信概率相同的条件下把它们一概当成随机误差处理，合成为一个总的随机误差。

【例 2-3】　用千分尺测量黄铜零件的直径。已知测得值为 60.125mm，车间（测量）温度为 23℃ ±5℃，等温后零件和千分尺的温差不超过 1℃，千分尺零点不对，有 +0.01mm 的误差。试估算总的测量误差，写出测量结果。

解：（1）估算各误差因素的误差

① 测量器具（千分尺）的误差。

已定系统误差：

$$\Delta_{已x_1} = +0.01\text{mm}$$

随机误差（来源于千分尺的不确定度，查有关资料获得）：

$$\delta_{\lim x_1} = \pm 0.005\text{mm}$$

② 方法误差。

已定系统误差：

$$\Delta_{已x_2} = 0$$

随机误差（根据经验，用千分尺、游标卡尺等普通量具测量零件时，此项误差约为不确定度的 1/3）：

$$\delta_{\lim x_2} = \pm\left(\frac{1}{3}\times 0.005\right) = \pm 0.0017(\text{mm})$$

③ 温度误差。

已定系统误差（因测量温度偏离标准温度 20℃ 而产生）：

$$\Delta_{已x_3} = L\left[(\alpha_2 - \alpha_1)(t_2 - 20) + \alpha_1(t_2 - t_1)\right]$$

$$= 60.125 \times \left[(18 - 11.5) \times 10^{-6} \times (23 - 20) + 0\right]$$

$$\approx +0.001(\text{mm})$$

未定系统误差（因测量温度波动 $\Delta t \neq 0$ 以及被测件与千分尺不等温 $t_2 - t_1 \neq 0$ 而产生）：

$$\Delta_{未x_3} = \pm L\sqrt{(\alpha_2 - \alpha_1)^2(\Delta t)^2 + \alpha_1^2(t_2 - t_1)^2}$$

$$= \pm 60.125 \times \sqrt{(18 - 11.5)^2 \times 5^2 + 11.5^2 \times 1^2 \times 10^{-6}}$$

$$\approx \pm 0.002(\text{mm})$$

（2）进行误差合成

总的已定系统误差：

$$\Delta_{已y} = \Delta_{已x_1} + \Delta_{已x_2} + \Delta_{已x_3}$$

$$= (+0.01) + 0 + (+0.001)$$

$$= +0.011(\text{mm})$$

修正值 $K = -\Delta_{已y} = -0.011\text{mm}$

总的随机误差和未定系统误差（极限误差）：

$$\delta_{\lim y} = \pm\sqrt{\delta_{\lim x_1}^2 + \delta_{\lim x_2}^2 + \Delta_{未x_3}^2}$$

$$= \pm\sqrt{0.005^2 + 0.0017^2 + 0.002^2}$$

$$\approx \pm 0.006(\text{mm})$$

（3）写出测量结果

$$y = 60.125 + K \pm \delta_{\lim y}$$

$$= 60.125 + (-0.011) \pm 0.006$$

$$= 60.114 \pm 0.006(\text{mm})$$

【例 2-4】　在万能工具显微镜上用弓高弦长法间接测量不完整圆弧样板的半径[图 2-7（a）]，测得弦长 $l = 40\text{mm}$，对应的弓高 $h = 4\text{mm}$。已知测量弦长、弓高的系统误差和随机误差分别为 $\Delta l = -0.002\text{mm}$、$\delta_{\lim l} = \pm 0.002\text{mm}$、$\Delta h = +0.0008\text{mm}$、$\delta_{\lim h} = \pm 0.0015\text{mm}$，试确定半径 R 的测量结果。

解： $R = \dfrac{l^2}{8h} + \dfrac{h}{2}$

将 $l = 40\text{mm}$ 和 $h = 4\text{mm}$ 代入得

$$R = \frac{40^2}{8 \times 4} + \frac{4}{2} = 52(\text{mm})$$

误差传递系数

$$C_l = \frac{\partial R}{\partial l} = \frac{l}{4h} = \frac{40}{4 \times 4} = 2.5$$

$$C_h = \frac{\partial R}{\partial h} = -\frac{l^2}{8h^2} + \frac{1}{2} = -\frac{40^2}{8 \times 4^2} + \frac{1}{2} = -12$$

已知 $\Delta l = -0.002\text{mm}$、 $\Delta h = +0.0008\text{mm}$、 $\delta_{\lim l} = \pm 0.002\text{mm}$、 $\delta_{\lim h} = \pm 0.0015\text{mm}$，则

$$\Delta R = C_l \Delta l + C_h \Delta h = 2.5 \times (-0.002) + (-12) \times (+0.0008) = -0.0146(\text{mm})$$

$$\delta_{\lim R} = \pm\sqrt{(C_l \delta_{\lim l})^2 + (C_h \delta_{\lim h})^2} = \pm\sqrt{(2.5 \times 0.002)^2 + [(-12) \times 0.0015]^2}$$

$$= \pm\sqrt{(2.5 \times 0.002)^2 + [(-12) \times 0.0015]^2}$$

$$\approx \pm 0.0187(\text{mm})$$

修正值

$$K = -\Delta R = +0.0146\text{mm}$$

半径 R 的测量结果为

$$R + K \pm \delta_{\lim R} = 52 + (+0.0146) \pm 0.0187 = 52.0146 \pm 0.0187(\text{mm})$$

由本例可以看出，虽然测量 l、h 的误差都不是很大，但由于它们的误差传递系数 C_l、C_h 比较大，所以它们对测量结果 R 的误差影响比较大，导致 ΔR、$\delta_{\lim R}$ 都比较大。因此，在间接测量法中要特别注意选择有利的测量条件，使误差传递系数尽可能地小，这样才能提高测量结果的精度。

👥 思考题与习题

一、简答题

1. 测量的实质是什么？一个完整的测量过程包括哪几个要素？

2. 为什么要定义长度基准？现行的长度基准是如何定义的？

3. 量块分"级"和"等"的依据是什么？在实际测量中，按"级"和"等"使用量块有何区别？

4. 试说明直接比较测量法和微差测量法、直接测量法和间接测量法的特点。

5. 测量器具的主要特性指标有哪几个？标称范围与示值范围有何异同？分度值与测量器具的精度的关系是怎样的？

6. 什么是测量误差？按性质可将测量误差分为哪几类？

7. 随机误差有哪几个特性？

8. 什么是测量极限误差？测量极限误差是如何确定的？置信限为 $\pm 3\sigma$、$\pm 2\sigma$、$\pm 1\sigma$ 时对应的置信概率

分别为多少?

9. 如何表示测量结果? 仅给出一个量值的测量结果有意义吗?

10. 如何判别观测列中是否含有粗大误差?

二、判断题

1. 如果被测量的大小相同, 可用绝对误差评定测量精度; 如果被测量的大小不同, 则用相对误差评定测量精度。(　　)

2. 加工误差只有通过测量才能得到, 所以加工误差的实质就是测量误差。(　　)

3. 用多次测量的算术平均值表示测量结果, 可以减小测量的示值误差。(　　)

4. 规格为 0~25mm 的外径千分尺, 其标称范围和示值范围是一样的。(　　)

5. 选用量块组合尺寸时, 量块的块数越多, 组合出的尺寸越精确。(　　)

6. 测量误差是指量具本身的误差。(　　)

三、综合题

1. 现有 83 块一套的量块, 试分别选择组成 9.26mm、16.73mm、26.875mm 量块组的量块尺寸。

2. 某仪器在示值为 10mm 处的示值误差为−0.001mm, 用该仪器测量工件时, 若读数正好为 10mm, 其测量结果为多少?

3. 标称范围为 0~25mm 的外径千分尺, 当两个测头可靠接触时, 其读数为+0.02mm。若用此千分尺测量工件时, 读数为 13.85mm, 求修正后的测量结果。

4. 用立式光学计对一轴类零件的尺寸进行测量, 共重复测量 12 次, 测得值如下: 20.015mm、20.013mm、20.016mm、20.013mm、20.015mm、20.014mm、20.017mm、20.018mm、20.014mm、20.016mm、20.014mm、20.015mm。假设已消除了其中所含的系统误差, 试用莱依达准则判断其中是否含有粗大误差, 确定测量结果。

第 3 章
极限与配合

【学习目标与要求】

1. 理解有关尺寸、公差、偏差、配合等方面的术语和定义。
2. 掌握标准公差和公差等级的相关规定。
3. 掌握基本偏差的含义及其分布规律。
4. 能够识读并绘制公差带图,能够查取标准公差和基本偏差的一系列表格,并且进行相关计算。
5. 理解未注公差的含义,能够查取相关表格。
6. 能够识读图样上已标注的极限与配合,具备初步的选择及使用能力,能够将选定的极限与配合按照要求标注在图样上。

其中第 6 条是学习本章的最终目的,将来设计、制造、检测等工作岗位都需要这样的能力。在工程制图课程上我们已经学过尺寸标注,其中涉及公差与配合,现在即将学到为什么那样标注、它代表什么意思、是否可以换成其他标注方式……相信可以解答从前的许多疑问。

为了实现互换性,必须保证零件的尺寸、几何形状及方位、表面结构等方面技术要求的一致性。本章是三大精度的第一部分,介绍的"极限与配合"是应用非常广泛的国家标准,也是本教材的重点内容,认真学好这一章,可为后续章节打好基础。

3.1　基本术语和定义

零件要具备互换性,必须在尺寸上具有一致性。这意味着每一个单独零件的尺寸必须在一个合理范围内,这就是"极限";同时两个相互结合的零件之间必须满足一定的关系,这就是"配合"。极限与配合研究的是如何进行尺寸精度的设计,如何控制零件的尺寸误差。极限与配合的标准化有助于机器的设计、制造、使用和维修,也有利于刀具、量具、机床等工艺设备的标准化,是互换性的重要内容。

相关的国家标准如下:

GB/T 1800.1—2020《产品几何技术规范(GPS)线性尺寸公差 ISO 代号体系　第 1 部分:公差、偏差和配合的基础》;

GB/T 1800.2—2020《产品几何技术规范(GPS)线性尺寸公差 ISO 代号体系　第 2 部分:标准公差带代号和孔、轴的极限偏差表》;

GB/T 1803—2003《极限与配合　尺寸至 18mm 孔、轴公差带》;

GB/T 1804—2000《一般公差　未注公差的线性和角度尺寸的公差》;

GB/T 24637.1—2020《产品几何技术规范(GPS)通用概念　第 1 部分:几何规范和检验的模型》;

GB/T 38762.1—2020《产品几何技术规范(GPS)尺寸公差　第 1 部分:线性尺寸》。

随着科技的进步与国际化潮流,国家标准更新很快,本章以上述国家标准为依据,介绍极限与配合的知识。

3.1.1　要素的术语和定义

(1)几何要素　点、线、面、体或者它们的集合，如图 3-1 所示。

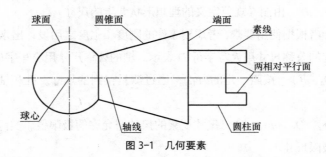

图 3-1　几何要素

(2)尺寸要素　由一定大小的线性尺寸或角度尺寸确定的几何形状，包括线性尺寸要素和角度尺寸要素。一个球体、一个圆、两条直线、两相对平行面、一个圆柱体、一个圆环等属于线性尺寸要素，一个圆锥和一个楔块属于角度尺寸要素。

有一些要素不属于尺寸要素，如直线、平面。

尺寸要素的可变尺寸参数称作尺寸，线性尺寸如圆柱面的直径，或者两相对平行面、两相对直线、两同心圆之间的距离，角度尺寸如圆锥角。

本章介绍的线性尺寸公差适用于圆柱面和两相对平行面。

3.1.2　孔和轴的定义

机械零件的结合中，结构最简单、最典型、应用最广泛的就是光滑圆柱体的结合，其他结构的学习和研究都是建立在此基础上，故涉及如下两个重要定义。

孔：工件的内尺寸要素，包括非圆柱形的内尺寸要素。孔的内部没有材料，从装配关系上看，孔是包容面。

轴：工件的外尺寸要素，包括非圆柱形的外尺寸要素。轴的内部有材料，从装配关系上看，轴是被包容面。

在图 3-2 中，标注的 D_1、D_2 都是孔，d_1、d_2 都是轴。

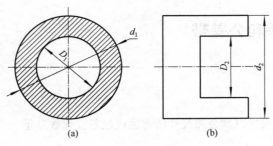

(a)　　　　　　　(b)

图 3-2　孔和轴

在加工的过程中，随着余量的切除，轴的尺寸会越来越小，孔的尺寸会越来越大，据此判断也非常方便。

3.1.3 尺寸的术语和定义

（1）公称尺寸（D、d） 由图样规范定义的理想形状要素的尺寸。

公称尺寸是设计者根据使用要求，考虑到零件的刚度和强度之后设计出来的，通常经过圆整，在优先数中选取。孔的公称尺寸用大写字母 D 表示，轴的公称尺寸用小写字母 d 表示。

（2）实际尺寸（D_a、d_a） 按照一定的方法，通过测量得到的尺寸。孔和轴的实际尺寸分别用 D_a 和 d_a 来表示。

（3）极限尺寸（D_U、D_L、d_U、d_L） 尺寸要素的尺寸所允许的极限值。实际尺寸应位于上、下极限尺寸之间，含极限尺寸。

尺寸要素允许的最大尺寸称为上极限尺寸，用 ULS 表示，对于孔和轴来说分别是 D_U 和 d_U。

尺寸要素允许的最小尺寸称为下极限尺寸，用 LLS 表示，对于孔和轴来说分别是 D_L 和 d_L。

极限尺寸是设计者规定的，用来限制实际尺寸。如果不考虑形状误差的影响，即孔和轴均为理想形状，则合格零件应符合

$$D_L \leqslant D_a \leqslant D_U, \ d_L \leqslant d_a \leqslant d_U$$

（4）最大实体状态（MMC）和最大实体尺寸（MMS） 最大实体状态指的是实际尺寸处处位于极限尺寸且使其具有材料量最多（实体最大）时的状态，对应的尺寸即最大实体尺寸。

最大实体尺寸对于孔来说是下极限尺寸，对于轴则是上极限尺寸。

$$D_L = \text{MMS}, \ d_U = \text{MMS}$$

（5）最小实体状态（LMC）和最小实体尺寸（LMS） 最小实体状态指的是实际尺寸处处位于极限尺寸且使其具有材料量最少（实体最小）时的状态，对应的尺寸即最小实体尺寸。

最小实体尺寸对于孔来说是上极限尺寸，对于轴则是下极限尺寸。

$$D_U = \text{LMS}, \ d_L = \text{LMS}$$

极限尺寸和实体尺寸的内涵是一致的，只是描述的角度不同。极限尺寸着重强调两个极限值的大小，极限值大的是上极限尺寸，极限值小的是下极限尺寸。实体尺寸着重强调包含材料的多少，材料量最多的时候是最大实体尺寸，材料量最少的时候是最小实体尺寸。

3.1.4 偏差、公差和公差带

3.1.4.1 偏差

某值与其参考值之差。

（1）尺寸偏差 实际尺寸减其公称尺寸所得的代数差。代数差是一个带符号的值，可以是负值、零或正值。

对于实际加工出的一批零件，可以测出每一个零件的实际尺寸或尺寸偏差，从而确定其误差分布。

（2）极限偏差　极限尺寸减其公称尺寸所得的代数差。极限尺寸和公称尺寸都是设计值，所以极限偏差也是设计者给定的。

其中，上极限尺寸减其公称尺寸所得的代数差叫做上极限偏差，对于孔和轴分别用 ES 和 es 表示；下极限尺寸减其公称尺寸所得的代数差叫做下极限偏差，对于孔和轴分别用 EI 和 ei 表示。即

$$ES = D_U - D, \quad EI = D_L - D$$

$$es = d_U - d, \quad ei = d_L - d$$

标注零件尺寸时，通常用标注极限偏差的方式给出极限尺寸。将上极限偏差标注在公称尺寸的右上方，下极限偏差标注在公称尺寸的右下方，如果上下极限偏差的绝对值相同，则用"±"一并标出。例如：

$$\phi30^{+0.008}_{-0.005}, \qquad \phi25^{+0.021}_{0}, \qquad \phi100 \pm 0.01$$

注意：上极限尺寸一定大于下极限尺寸，因此上极限偏差一定大于下极限偏差。

3.1.4.2　公差

上极限尺寸与下极限尺寸之差，或上极限偏差与下极限偏差之差，它是允许的尺寸变动量，没有符号。

孔的公差 $T_D = D_U - D_L = ES - EI$

轴的公差 $T_d = d_U - d_L = es - ei$

公差必然是正值，不存在零或者负值的情况。它和偏差是两个不同的概念。公差体现的是制造精度的要求，公称尺寸相同的情况下，公差值越小则精度越高，加工越困难。偏差表示偏离公称尺寸的程度，仅凭一个偏差值不能判断精度如何。

公差和偏差示意图见图 3-3。

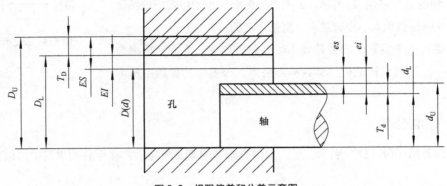

图 3-3　极限偏差和公差示意图

【例 3-1】　某轴的公称尺寸为 30mm，上极限尺寸为 30.008mm，下极限尺寸为 29.995mm，试计算其极限偏差和公差。

解： 上极限偏差　　　　$es = d_U - d = 30.008mm - 30mm = +0.008mm$

下极限偏差　　　　$ei = d_L - d = 29.995mm - 30mm = -0.005mm$

公差　　　　　　　$T_d = d_U - d_L = 30.008mm - 29.995mm = 0.013mm$

或　　　　　　　　$T_d = es - ei = +0.008mm - (-0.005mm) = 0.013mm$

3.1.4.3　公差带图

由于公差与偏差的数值和公称尺寸相比，差距非常大，不方便用同样的比例绘制。为了表示清楚并且绘制简便，通常省略掉孔和轴的结构，只画出放大的公差区域，这种图形称为公差带图。

公差带图包括以下两部分：

（1）零线　表示公称尺寸的一条直线。零线是确定极限偏差的基准，沿水平方向绘制，正偏差画在上方，负偏差画在下方。

零线下方绘制一箭头，指到零线上，在其左侧标出公称尺寸。公差带图的默认单位通常为微米（μm），公称尺寸的单位通常为毫米（mm），故需在公称尺寸后写出单位 mm。

零线左侧写"0"，表示这条线上的偏差值为 0。0 上方绘制向上箭头，左侧写"+"；下方绘制向下箭头，左侧写"−"。

（2）公差带　由代表上极限偏差和下极限偏差或上极限尺寸和下极限尺寸的两条直线限定的尺度范围。

公差带右上角标注上极限偏差，右下角标注下极限偏差，必须带正负号。由于左侧已经标出了零线，如果极限偏差值为 0，即公差带贴在零线上，则不必再次标注。极限偏差的单位通常为微米（μm），不需要标出。

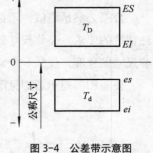

图 3-4　公差带示意图

孔和轴的公差带必须区分开，如图 3-4 所示。孔的公差带可以用 T_D 表示，轴的公差带用 T_d 表示。公差带的纵向大小和位置应该按比例绘制，横向位置和大小没有意义，清楚美观即可。

公差带有两个要素，即公差大小和公差带位置。公差大小由公差值决定，公差值已标准化，称为标准公差。公差带的位置由基本偏差确定。

3.1.4.4　标准公差

标准公差用字母"IT"表示，是"国际公差"的英文缩略语，在今后的学习中可以通过查表得到。

3.1.4.5 基本偏差

确定公差带相对公称尺寸位置的那个极限偏差。它是最接近零线的极限偏差，也就是绝对值较小的极限偏差。如果两个极限偏差绝对值相等，则不适用基本偏差的概念。

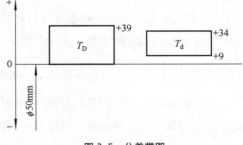

图 3-5 公差带图

【**例 3-2**】 $\phi50^{+0.039}_{0}$ mm 的孔与 $\phi50^{+0.034}_{+0.009}$ mm 的轴配合，画出其公差带图，并指出基本偏差。

解： 如图 3-5 所示。

(1) 画一条水平线作为零线，在其左侧绘制箭头，写"0"和"+""−"。

(2) 标注公称尺寸。

(3) 画出上下极限偏差位置，标明孔或轴。

(4) 标注极限偏差值。

由图可知，孔的基本偏差为 0，轴的基本偏差为+0.009mm。

3.1.5 有关配合的术语和定义

3.1.5.1 配合

类型相同且待装配的外尺寸要素(轴)和内尺寸要素(孔)之间的关系。组成配合的孔和轴公称尺寸相同。

配合和公差带一样，是设计者根据使用要求确定的。它表示孔和轴公差带之间的相对位置，也就是孔和轴结合时的松紧程度。

3.1.5.2 间隙

当轴的直径小于孔的直径时，孔和轴的尺寸之差。间隙用大写字母"X"表示，是正值。

3.1.5.3 过盈

当轴的直径大于孔的直径时，孔和轴的尺寸之差。过盈用大写字母"Y"表示，是负值。

一个孔和一个轴装配时，要么产生间隙，要么产生过盈。零间隙或零过盈可以看作特例，如图 3-6 所示。

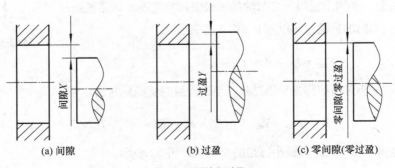

(a) 间隙　　　　　　(b) 过盈　　　　　　(c) 零间隙(零过盈)

图 3-6 间隙和过盈

3.1.5.4　间隙配合

孔和轴装配时总是存在间隙的配合称为间隙配合。此时，孔的公差带在轴的公差带上方，如图 3-7 所示。取绝对值表示间隙量的大小。间隙配合的性质可用以下参数表示。

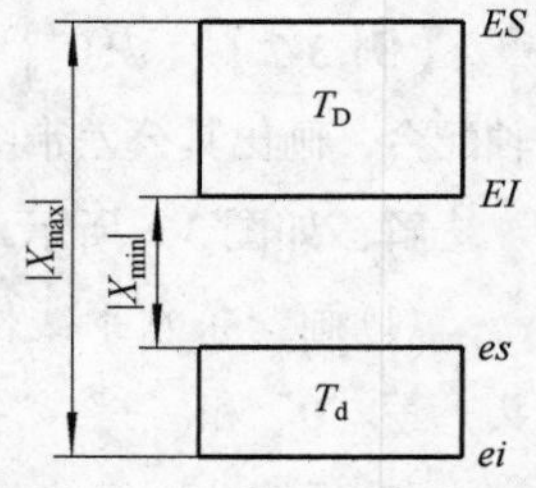

（1）最大间隙　孔的上极限尺寸与轴的下极限尺寸之差。这是间隙配合处于最松状态时的间隙，用 X_{max} 表示。

$$X_{max} = D_U - d_L = ES - ei$$

（2）最小间隙　孔的下极限尺寸与轴的上极限尺寸之差。这是间隙配合处于最紧状态时的间隙，可以为 0，用 X_{min} 表示。

$$X_{min} = D_L - d_U = EI - es$$

最大间隙和最小间隙统称为极限间隙。允许间隙的变动量为

$$T_f = |X_{max} - X_{min}| = |(ES - ei) - (EI - es)| = T_D + T_d$$

（3）平均间隙　最大间隙和最小间隙的平均值，用 X_{av} 表示。

$$X_{av} = \frac{X_{max} + X_{min}}{2}$$

实际生产中形成的间隙通常在平均间隙附近。

图 3-7　间隙配合

3.1.5.5　过盈配合

孔和轴装配时总是存在过盈的配合称为过盈配合。此时，孔的公差带在轴的公差带下方，如图 3-8 所示。取绝对值表示过盈量的大小。过盈配合的性质可用以下参数表示。

（1）最大过盈　孔的下极限尺寸与轴的上极限尺寸之差。这是过盈配合处于最紧状态时的过盈，用 Y_{max} 表示。

$$Y_{max} = D_L - d_U = EI - es$$

（2）最小过盈　孔的上极限尺寸与轴的下极限尺寸之差。这是过盈配合处于最松状态时的过盈，可以为 0，用 Y_{min} 表示。

$$Y_{min} = D_U - d_L = ES - ei$$

最大过盈和最小过盈统称为极限过盈。允许过盈的变动量为

$$T_f = |Y_{min} - Y_{max}| = |(ES - ei) - (EI - es)| = T_D + T_d$$

（3）平均过盈　最大过盈和最小过盈的平均值，用 Y_{av} 表示。

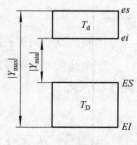

图 3-8　过盈配合

$$Y_{av} = \frac{Y_{max} + Y_{min}}{2}$$

实际生产中形成的过盈通常在平均过盈附近。

通常来说间隙配合的装配比较容易，但是过盈配合由于轴的直径大于孔，不能直接插入，需要一些安装方法，如：

① 过盈较小时，可用木槌或铜锤打入；

② 大批量可以用油压机压入；

③ 利用热胀冷缩原理，如加热孔，来实现装配。

3.1.5.6　过渡配合

孔和轴装配时可能具有间隙或过盈的配合。此时孔和轴的公差带有重叠，如图 3-9 所示。取绝对值表示间隙量及过盈量的大小。

最大间隙表示过渡配合中最松的状态，最大过盈表示过渡配合中最紧的状态。由于最大过盈等于负的最小间隙，最小过盈等于负的最大间隙，平均来看，则有

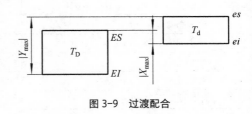

图 3-9　过渡配合

$$X_{av}(或\,Y_{av}) = \frac{X_{max} + Y_{max}}{2}$$

按上式计算，所得值为正时是平均间隙，表示偏松的过渡配合；所得值为负时是平均过盈，表示偏紧的过渡配合。

允许的从最大间隙到最大过盈的变动量为

$$T_f = |X_{max} - Y_{max}| = |(ES - ei) - (EI - es)| = T_D + T_d$$

注意，间隙配合、过盈配合和过渡配合是对于一定规格而言的。按照一定规格生产的一批孔和一批轴进行装配时，间隙配合的每一对孔和轴都会产生间隙，过盈配合的每一对孔和轴都会产生过盈，过渡配合的每一对孔和轴可能产生间隙，也可能产生过盈。

3.1.5.7　配合公差

组成配合的两个尺寸要素的尺寸公差之和。它是允许间隙或过盈的变动量，用 T_f 表示。由前述三种配合都可以看出

$$T_f = T_D + T_d$$

配合种类反映配合性质，配合公差反映配合精度。配合公差越大，也就是配合后产生的松紧程度差别越大，即配合精度越低。配合精度的高低由相互配合的孔和轴的精度决定，反映孔轴结合的使用性能；配合精度越高，孔和轴加工越难，成本越高。

【例 3-3】　求 $\phi 28^{+0.021}_{0}$ mm 的孔与下列三种轴配合的公称尺寸、极限偏差、极限尺寸、公差、极限间隙或过盈、平均间隙或过盈、配合种类、配合公差，并画出公差带图。

（1）轴 $\phi 28^{-0.020}_{-0.033}$ mm；　（2）轴 $\phi 28^{+0.041}_{+0.028}$ mm；　（3）轴 $\phi 28^{+0.015}_{+0.002}$ mm。

解：根据题目要求，求得各项参数如表 3-1 所示，公差带图如图 3-10 所示。计算过程省略。

表 3-1　例题 3-3 计算表　　　　　　　　　　　　　　　　mm

所求项目	孔	（1）轴	（2）轴	（3）轴
公称尺寸	28	28	28	28
上极限偏差	+0.021	−0.020	+0.041	+0.015
下极限偏差	0	−0.033	+0.028	+0.002
上极限尺寸	28.021	27.98	28.041	28.015
下极限尺寸	28	27.967	28.028	28.002
公差	0.021	0.013	0.013	0.013
最大间隙		+0.054		+0.019
最小间隙		+0.020		
最大过盈			−0.041	− 0.015
最小过盈			−0.007	
平均间隙		+0.037		+0.002
平均过盈			−0.024	
配合种类		间隙配合	过盈配合	过渡配合
配合公差		0.034	0.034	0.034
公差带图		图（a）	图（b）	图（c）

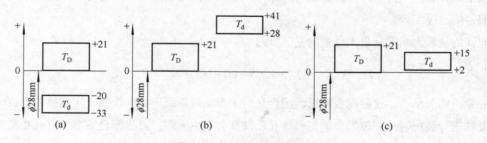

图 3-10　例题 3-3 公差带图

3.2　极限与配合国家标准的构成

极限与配合国家标准的主要内容是公差带的标准化，即标准公差和基本偏差系列。

3.2.1　标准公差

标准公差是线性尺寸公差 ISO 代号体系中的任一公差。公差大小是一个标准公差等级与被测要素的公称尺寸的函数，使用标准公差数值表可以由公称尺寸和标准公差等级得到公差大小，即标准公差值。标准公差用 IT 表示，国家标准规定了 IT01、IT0、IT1、IT2、…、IT18 共 20 个等级，IT01 精度最高，IT18 精度最低。同一公差等级（如 IT7）对所有公称尺寸来说，具有同样的精度。对于同一公称尺寸，公差等级逐渐降低，相应的公差值逐渐增大。

　　为了简化标准公差数值表，国家标准将公称尺寸分成了若干段，每一段中公称尺寸数值接近，故其同一公差等级的标准公差值相同，见表 3-2。对于 IT6～IT18，标准公差是每 5 级乘以因数 10。该规则应用于所有标准公差，还可用于表中没有给出的 IT 等级的外插值。

表 3-2　标准公差数值表

公称尺寸 /mm		标准公差等级																		
		IT01	IT0	IT1	IT2	IT3	IT4	IT5	IT6	IT7	IT8	IT9	IT10	IT11	IT12	IT13	IT14	IT15	IT16	IT17	IT18
大于	至	标准公差数值																		
		μm												mm						
—	3	0.3	0.5	0.8	1.2	2	3	4	6	10	14	25	40	60	0.1	0.14	0.25	0.4	0.6	1	1.4
3	6	0.4	0.6	1	1.5	2.5	4	5	8	12	18	30	48	75	0.12	0.18	0.3	0.48	0.75	1.2	1.8
6	10	0.4	0.6	1	1.5	2.5	4	6	9	15	22	36	58	90	0.15	0.22	0.36	0.58	0.9	1.5	2.2
10	18	0.5	0.8	1.2	2	3	5	8	11	18	27	43	70	110	0.18	0.27	0.43	0.7	1.1	1.8	2.7
18	30	0.6	1	1.5	2.5	4	6	9	13	21	33	52	84	130	0.21	0.33	0.52	0.84	1.3	2.1	3.3
30	50	0.6	1	1.5	2.5	4	7	11	16	25	39	62	100	160	0.25	0.39	0.62	1	1.6	2.5	3.9
50	80	0.8	1.2	2	3	5	8	13	19	30	46	74	120	190	0.3	0.46	0.74	1.2	1.9	3	4.6
80	120	1	1.5	2.5	4	6	10	15	22	35	54	87	140	220	0.35	0.54	0.87	1.4	2.2	3.5	5.4
120	180	1.2	2	3.5	5	8	12	18	25	40	63	100	160	250	0.4	0.63	1	1.6	2.5	4	6.3
180	250	2	3	4.5	7	10	14	20	29	46	72	115	185	290	0.46	0.72	1.15	1.85	2.9	4.6	7.2
250	315	2.5	4	6	8	12	16	23	32	52	81	130	210	320	0.52	0.81	1.3	2.1	3.2	5.2	8.1
315	400	3	5	7	9	13	18	25	36	57	89	140	230	360	0.57	0.89	1.4	2.3	3.6	5.7	8.9
400	500	4	6	8	10	15	20	27	40	63	97	155	250	400	0.63	0.97	1.55	2.5	4	6.3	9.7

3.2.2　ISO 配合制

　　从例 3-3 的公差带图中可以看出，孔、轴公差带相对位置的改变可以组成不同性质、不同松紧程度的配合。为了实行标准化，可以选择孔或轴中的一个作为基准件，保持其公差带位置不变，通过改变另一个零件的公差带位置来形成各种配合，从而满足不同的使用要求，这就是配合制。线性尺寸公差 ISO 代号体系规定了两种配合制，即基孔制和基轴制。

　　（1）基孔制配合　孔的基本偏差为零的配合，即其下极限偏差等于零，公差带代号为 H。所要求的间隙或过盈由不同公差带代号的轴与基准孔相配合得到。改变轴的公差带位置，可以得到松紧程度不同的各种配合，如图 3-11（a）所示。

　　（2）基轴制配合　轴的基本偏差为零的配合，即其上极限偏差等于零，公差带代号为 h。所要求的间隙或过盈由不同公差带代号的孔与基准轴相配合得到。改变孔的公差带位置，可以得到松紧程度不同的各种配合，如图 3-11(b) 所示。

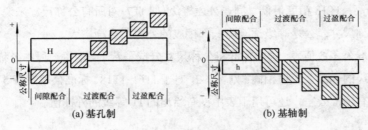

图 3-11   ISO 配合制

3.2.3   基本偏差

基本偏差是定义了与公称尺寸最近的极限尺寸的那个极限偏差，它是用来确定公差带位置的参数。为了满足各种不同配合的需要，国家标准对孔和轴分别规定了 28 种基本偏差(图 3-12)。

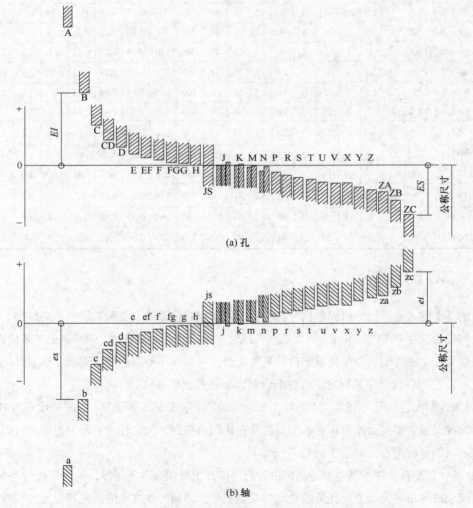

图 3-12   公差带(基本偏差)相对于公称尺寸位置的示意说明

其信息由一个或多个字母标示，称为基本偏差标示符；孔用大写字母，轴用小写字母。在 26 个字母中除去 5 个容易混淆的字母"I(i)、L(l)、O(o)、Q(q)、W(w)"，其余 21 个字母再加上 7 个双写字母"CD(cd)、EF(ef)、FG(fg)、JS(js)、ZA(za)、ZB(zb)、ZC(zc)"，共有 28 种基本偏差标示符，见表 3-3。

表 3-3　基本偏差标示符

尺寸要素		基本偏差	备注
孔	下极限偏差	A、B、C、CD、D、E、EF、F、FG、G、H	H 为基准孔，它的下极限偏差为零
	不适用	JS = ±ITn/2	
	上极限偏差	J、K、M、N、P、R、S、T、U、V、X、Y、Z、ZA、ZB、ZC	
轴	上极限偏差	a、b、c、cd、d、e、ef、f、fg、g、h	h 为基准轴，它的上极限偏差为零
	不适用	js = ±ITn/2	
	下极限偏差	j、k、m、n、p、r、s、t、u、v、x、y、z、za、zb、zc	

基本偏差标示符中有两个特例，H 和 h 的基本偏差为 0，在配合中作为基准孔和基准轴；JS 和 js 的公差带关于零线对称，不适用基本偏差的概念，它逐渐代替了近似对称的基本偏差 J 和 j。

把基本偏差标示符和标准公差等级数组合起来就是公差带代号，如 ϕ40 G7 表示公称尺寸为 ϕ40mm、基本偏差标示符为 G、标准公差等级为 IT7 的孔公差带，ϕ40 h6 表示公称尺寸为 ϕ40mm、基本偏差标示符为 h、标准公差等级为 IT6 的轴公差带。

将相配合的孔和轴的公差带代号写成分数形式，就是配合代号。其中孔的公差带作分子，轴的公差带作分母，如上述孔和轴配合，表示为 ϕ40 G7/h6。

轴的基本偏差是在基孔制的基础上计算出来的，孔的基本偏差是根据轴的基本偏差换算得出的。换算原则是：使用常用配合时，如果基轴制配合中孔的基本偏差标示符与基孔制配合中轴的基本偏差标示符相当(例如 ϕ40 G7/h6 中孔的基本偏差标示符 G 和 ϕ40 H7/g6 中轴的基本偏差标示符 g)，应该保证基轴制和基孔制的配合性质相同，即极限间隙或极限过盈相同。

除了 H 和 h、JS 和 js 这两种特殊情况，其他基本偏差标示符只需要记住它们的相对位置和变化趋势即可。在工程应用中，给定公称尺寸和公差带代号后，由表 3-2 查取标准公差等级对应的公差大小，再由表 3-4 和表 3-5 查取基本偏差数值，则可计算出另一个极限偏差。

表 3-4　轴的基本偏差数值

公称尺寸/mm 大于	至	a	b	c	cd	d	e	ef	f	fg	g	h	js	j (IT5和IT6)	j (IT7)	j (IT8)	k (IT4~IT7)
—	3	−270	−140	−60	−34	−20	−14	−10	−6	−4	−2	0	偏差等于 $\pm IT_n/2$，式中 n 是标准公差等级数	−2	−4	−6	0
3	6	−270	−140	−70	−46	−30	−20	−14	−10	−6	−4	0		−2	−4		+1
6	10	−280	−150	−80	−56	−40	−25	−18	−13	−8	−5	0		−2	−5		+1
10	14	−290	−150	−95	−70	−50	−32	−23	−16	−10	−6	0		−3	−6		+1
14	18	−290	−150	−95	−70	−50	−32	−23	−16	−10	−6	0		−3	−6		+1
18	24	−300	−160	−110	−85	−65	−40	−25	−20	−12	−7	0		−4	−8		+2
24	30	−300	−160	−110	−85	−65	−40	−25	−20	−12	−7	0		−4	−8		+2
30	40	−310	−170	−120	−100	−80	−50	−35	−25	−15	−9	0		−5	−10		+2
40	50	−320	−180	−130	−100	−80	−50	−35	−25	−15	−9	0		−5	−10		+2
50	65	−340	−190	−140		−100	−60		−30		−10	0		−7	−12		+2
65	80	−360	−200	−150		−100	−60		−30		−10	0		−7	−12		+2
80	100	−380	−220	−170		−120	−72		−36		−12	0		−9	−15		+3
100	120	−410	−240	−180		−120	−72		−36		−12	0		−9	−15		+3
120	140	−460	−260	−200		−145	−85		−43		−14	0		−11	−18		+3
140	160	−520	−280	−210		−145	−85		−43		−14	0		−11	−18		+3
160	180	−580	−310	−230		−145	−85		−43		−14	0		−11	−18		+3
180	200	−660	−340	−240		−170	−100		−50		−15	0		−13	−21		+4
200	225	−740	−380	−260		−170	−100		−50		−15	0		−13	−21		+4
225	250	−820	−420	−280		−170	−100		−50		−15	0		−13	−21		+4
250	280	−920	−480	−300		−190	−110		−56		−17	0		−16	−26		+4
280	315	−1050	−540	−330		−190	−110		−56		−17	0		−16	−26		+4
315	355	−1200	−600	−360		−210	−125		−62		−18	0		−18	−28		+4
355	400	−1350	−680	−400		−210	−125		−62		−18	0		−18	−28		+4
400	450	−1500	−760	−440		−230	−135		−68		−20	0		−20	−32		+5
450	500	−1650	−840	−480		−230	−135		−68		−20	0		−20	−32		+5

注：公称尺寸≤1mm 时，不使用基本偏差 a 和 b。

(摘自 GB/T 1800.1—2020) μm

≤IT3 >IT7	下极限偏差 ei 所有标准公差等级													
	m	n	P	r	s	t	u	v	x	y	z	za	zb	zc
0	+2	+4	+6	+10	+14		+18		+20		+26	+32	+40	+60
0	+4	+8	+12	+15	+19		+23		+28		+35	+42	+50	+80
0	+6	+10	+15	+19	+23		+28		+34		+42	+52	+67	+97
0	+7	+12	+18	+23	+28		+33		+40		+50	+64	+90	+130
								+39	+45		+60	+77	+108	+150
0	+8	+15	+22	+28	+35		+41	+47	+54	+63	+73	+98	+136	+188
						+41	+48	+55	+64	+75	+88	+118	+160	+218
0	+9	+17	+26	+34	+43	+48	+60	+68	+80	+94	+112	+148	+200	+274
						+54	+70	+81	+97	+114	+136	+180	+242	+325
0	+11	+20	+32	+41	+53	+66	+87	+102	+122	+144	+172	+226	+300	+405
				+43	+59	+75	+102	+120	+146	+174	+210	+274	+360	+480
0	+13	+23	+37	+51	+71	+91	+124	+146	+178	+214	+258	+335	+445	+585
				+54	+79	+104	+144	+172	+210	+254	+310	+400	+525	+690
				+63	+92	+122	+170	+202	+248	+300	+365	+470	+620	+800
0	+15	+27	+43	+65	+100	+134	+190	+228	+280	+340	+415	+535	+700	+900
				+68	+108	+146	+210	+252	+310	+380	+465	+600	+780	+1000
				+77	+122	+166	+236	+284	+350	+425	+520	+670	+880	+1150
0	+17	+31	+50	+80	+130	+180	+258	+310	+385	+470	+575	+740	+960	+1250
				+84	+140	+196	+284	+340	+425	+520	+640	+820	+1050	+1350
				+94	+158	+218	+315	+385	+475	+580	+710	+920	+1200	+1550
0	+20	+34	+56	+98	+170	+240	+350	+425	+525	+650	+790	+1000	+1300	+1700
				+108	+190	+268	+390	+475	+590	+730	+900	+1150	+1500	+1900
0	+21	+37	+62	+114	+208	+294	+435	+530	+660	+820	+1000	+1300	+1650	+2100
				+126	+232	+330	+490	+595	+740	+920	+1100	+1450	+1850	+2400
0	+23	+40	+68	+132	+252	+360	+540	+660	+820	+1000	+1250	+1600	+2100	+2600

表 3-5　孔的基本偏差数值

公称尺寸/mm		基本偏差数值																	
		下极限偏差 EI												J			K		M	
		所有标准公差等级												IT6	IT7	IT8	≤IT8	>IT8	≤IT8	>IT8
大于	至	A	B	C	CD	D	E	EF	F	FG	G	H	JS	J	J	J	K	K	M	M
—	3	+270	+140	+60	+34	+20	+14	+10	+6	+4	+2	0		+2	+4	+6	0	0	−2	−2
3	6	+270	+140	+70	+46	+30	+20	+14	+10	+6	+4	0		+5	+6	+10	−1+Δ		−4+Δ	−4
6	10	+280	+150	+80	+56	+40	+25	+18	+13	+8	+5	0		+5	+8	+12	−1+Δ		−6+Δ	−6
10	14	+290	+150	+95	+70	+50	+32	+23	+16	+10	+6	0		+6	+10	+15	−1+Δ		−7+Δ	−7
14	18	+290	+150	+95	+70	+50	+32	+23	+16	+10	+6	0		+6	+10	+15	−1+Δ		−7+Δ	−7
18	24	+300	+160	+110	+85	+65	+40	+28	+20	+12	+7	0	偏差等于±ITn/2，式中n为标准公差等级数	+8	+12	+20	−2+Δ		−8+Δ	−8
24	30	+300	+160	+110	+85	+65	+40	+28	+20	+12	+7	0		+8	+12	+20	−2+Δ		−8+Δ	−8
30	40	+310	+170	+120	+100	+80	+50	+35	+25	+15	+9	0		+10	+14	+24	−2+Δ		−9+Δ	−9
40	50	+320	+180	+130	+100	+80	+50	+35	+25	+15	+9	0		+10	+14	+24	−2+Δ		−9+Δ	−9
50	65	+340	+190	+140		+100	+60		+30		+10	0		+13	+18	+28	−2+Δ		−11+Δ	−11
65	80	+360	+200	+150		+100	+60		+30		+10	0		+13	+18	+28	−2+Δ		−11+Δ	−11
80	100	+380	+220	+170		+120	+72		+36		+12	0		+16	+22	+34	−3+Δ		−13+Δ	−13
100	120	+410	+240	+180		+120	+72		+36		+12	0		+16	+22	+34	−3+Δ		−13+Δ	−13
120	140	+460	+260	+200		+145	+85		+43		+14	0		+18	+26	+41	−3+Δ		−15+Δ	−15
140	160	+520	+280	+210		+145	+85		+43		+14	0		+18	+26	+41	−3+Δ		−15+Δ	−15
160	180	+580	+310	+230		+145	+85		+43		+14	0		+18	+26	+41	−3+Δ		−15+Δ	−15
180	200	+660	+340	+240		+170	+100		+50		+15	0		+22	+30	+47	−4+Δ		−17+Δ	−17
200	225	+740	+380	+260		+170	+100		+50		+15	0		+22	+30	+47	−4+Δ		−17+Δ	−17
225	250	+820	+420	+280		+170	+100		+50		+15	0		+22	+30	+47	−4+Δ		−17+Δ	−17
250	280	+920	+480	+300		+190	+110		+56		+17	0		+25	+36	+55	−4+Δ		−20+Δ	−20
280	315	+1050	+540	+330		+190	+110		+56		+17	0		+25	+36	+55	−4+Δ		−20+Δ	−20
315	355	+1200	+600	+360		+210	+125		+62		+18	0		+29	+39	+60	−4+Δ		−21+Δ	−21
355	400	+1350	+680	+400		+210	+125		+62		+18	0		+29	+39	+60	−4+Δ		−21+Δ	−21
400	450	+1500	+760	+440		+230	+135		+68		+20	0		+33	+43	+66	−5+Δ		−23+Δ	−23
450	500	+1650	+840	+480		+230	+135		+68		+20	0		+33	+43	+66	−5+Δ		−23+Δ	−23

注：1. 公称尺寸≤1mm 时，不使用基本偏差 A 和 B 及标准公差等级 >IT8 的基本偏差 N。

2. 特例：对于公称尺寸大于 250～315mm 的公差带代号 M6，$ES = -9\mu m$（计算结果不是 $-11\mu m$）。

（摘自 GB/T 1800.1—2020）　　　　　　　　　　　　　　　　　　　　　μm

上极限偏差 ES															Δ值					
N		P至ZC	标准公差等级大于 IT7												标准公差等级					
≤IT8	>IT8	≤IT7	P	R	S	T	U	V	X	Y	Z	ZA	ZB	ZC	IT3	IT4	IT5	IT6	IT7	IT8
−4	−4		−6	−10	−14		−18		−20		−26	−32	−40	−60	0	0	0	0	0	0
−8+Δ	0	在>IT7的标准公差等级的基本偏差数值上增加一个Δ值	−12	−15	−19		−23		−28		−35	−42	−50	−80	1	1.5	1	3	4	6
−10+Δ	0		−15	−19	−23		−28		−34		−42	−52	−67	−97	1	1.5	2	3	6	7
−12+Δ	0		−18	−23	−28		−33		−40		−50	−64	−90	−130	1	2	3	3	7	9
								−39	−45		−60	−77	−108	−150						
−15+Δ	0		−22	−28	−35		−41	−47	−54	−63	−73	−98	−136	−188	1.5	2	3	4	8	12
						−41	−48	−55	−64	−75	−88	−118	−160	−218						
−17+Δ	0		−26	−34	−43	−48	−60	−68	−80	−94	−112	−148	−200	−274	1.5	3	4	5	9	14
						−54	−70	−81	−97	−114	−136	−180	−242	−325						
−20+Δ	0		−32	−41	−53	−66	−87	−102	−122	−144	−172	−226	−300	−405	2	3	5	6	11	16
				−43	−59	−75	−102	−120	−146	−174	−210	−274	−360	−480						
−23+Δ	0		−37	−51	−71	−91	−124	−146	−178	−214	−258	−335	−445	−585	2	4	5	7	13	19
				−54	−79	−104	−144	−172	−210	−254	−310	−400	−525	−690						
−27+Δ	0		−43	−63	−92	−122	−170	−202	−248	−300	−365	−470	−620	−800	3	4	6	7	15	23
				−65	−100	−134	−190	−228	−280	−340	−415	−535	−700	−900						
				−68	−108	−146	−210	−252	−310	−380	−465	−600	−780	−1000						
−31+Δ	0		−50	−77	−122	−166	−236	−284	−350	−425	−520	−670	−880	−1150	3	4	6	9	17	26
				−80	−130	−180	−258	−310	−385	−470	−575	−740	−960	−1250						
				−84	−140	−196	−284	−340	−425	−520	−640	−820	−1050	−1350						
−34+Δ	0		−56	−94	−158	−218	−315	−385	−475	−580	−710	−920	−1200	−1550	4	4	7	9	20	29
				−98	−170	−240	−350	−425	−525	−650	−790	−1000	−1300	−1700						
−37+Δ	0		−62	−108	−190	−268	−390	−475	−590	−730	−900	−1150	−1500	−1900	4	5	7	11	21	32
				−114	−208	−294	−435	−530	−660	−820	−1000	−1300	−1650	−2100						
−40+Δ	0		−68	−126	−232	−330	−490	−595	−740	−920	−1100	−1450	−1850	−2400	5	5	7	13	23	34
				−132	−252	−360	−540	−660	−820	−1000	−1250	−1600	−2100	−2600						

【例 3-4】　查表确定 $\phi40$ h6、$\phi40$ f6、$\phi40$ m6、$\phi40$ H6、$\phi40$ JS6、$\phi40$ U6 的极限偏差。

解：查表 3-2，得知 $\phi40$ 对应的 IT6 = 16μm。

(1) 查表 3-4，h 的基本偏差 $es=0$，$ei=es-\text{IT6}=(0-16)\,\mu m=-16\,\mu m$。

(2) 查表 3-4，f 的基本偏差 $es=-25\,\mu m$，$ei=es-\text{IT6}=(-25-16)\,\mu m=-41\,\mu m$。

(3) 查表 3-4，m 的基本偏差 $ei=+9\,\mu m$，$es=ei+\text{IT6}=(+9+16)\,\mu m=+25\,\mu m$。

(4) 查表 3-5，H 的基本偏差 $EI=0$，$ES=EI+\text{IT6}=(0+16)\,\mu m=+16\,\mu m$。

(5) JS6 的极限偏差对称分布，故 $ES=+8\,\mu m$，$EI=-8\,\mu m$。

(6) 查表 3-5，U 的基本偏差 $ES=-55\,\mu m$，$EI=ES-\text{IT6}=(-55-16)\,\mu m=-71\,\mu m$。

反过来，已知孔或轴的极限偏差，也能够通过查表的方式得到相应的公差带代号。

【例 3-5】　查表确定以下孔或轴的公差带代号。

(1) 轴 $\phi40^{+0.033}_{+0.017}$ mm；　(2) 轴 $\phi120^{-0.036}_{-0.123}$ mm；　(3) 孔 $\phi65^{-0.03}_{-0.06}$ mm。

解：(1)　　　　　　　　　$T_d=+0.033\text{mm}-(+0.017\text{mm})=0.016\text{mm}$

查表 3-2，得知公差等级为 IT6。

其基本偏差 $ei=+17\,\mu m$，查表 3-4，得知基本偏差标示符为 n，故此轴为 $\phi40$ n6。

(2)　　　　　　　　　$T_d=-0.036\text{mm}-(-0.123\text{mm})=0.087\text{mm}$

查表 3-2，得知公差等级为 IT9。

其基本偏差 $es=-36\,\mu m$，查表 3-4，得知基本偏差标示符为 f，故此轴为 $\phi120$ f9。

(3)　　　　　　　　　$T_D=-0.03\text{mm}-(-0.06\text{mm})=0.03\text{mm}$

查表 3-2，得知公差等级为 IT7。

其基本偏差 $EI=-30\,\mu m$，查表 3-5，得知基本偏差标示符为 R，故此孔为 $\phi65$ R7。

3.2.4　极限与配合在图样上的标注

在零件图上，标注尺寸公差的方法有以下三种：

(1) 在公称尺寸后标注公差带代号，如 $\phi18$ H7、$\phi18$ p6、$\phi14$ F8，如图 3-13(a) 所示。

(2) 在公称尺寸后标注极限偏差，如 $\phi18^{+0.029}_{+0.018}$ mm、$\phi14^{+0.045}_{+0.016}$ mm，如图 3-13(b) 所示。

(3) 在公称尺寸后同时标注公差带代号和极限偏差，如 $\phi14$ h7$\left(^{\ 0}_{-0.018}\right)$，如图 3-13(c) 所示；也

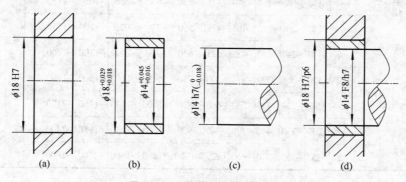

图 3-13　公差带在图样上的标注

可以写成 $\phi 14_{-0.018}^{0}$（h7），公差带代号和极限偏差的顺序没有影响。

其中（2）最常见。

在装配图上，只标注公称尺寸和孔、轴的公差带代号，如 $\phi 18\,\text{H7/p6}$ 或 $\phi 18\,\dfrac{\text{H7}}{\text{p6}}$，分子表示孔的公差带，分母表示轴的公差带，如图 3-13（d）所示。

3.2.5 优先、常用公差带及配合

国家标准提供了 20 种公差等级和 28 种基本偏差标示符，可以组成许多种孔、轴公差带。为了避免工具和量具不必要的多样性，对公差带和配合应该加以限制。

依据国家标准，应尽可能地从图 3-14 中选取孔和轴的公差带代号，且优先选取框中所示的公差带代号（孔和轴分别为 17 种）。图中给出的公差带仅为一般性用途，特殊用途可根据需要选取特定的公差带。

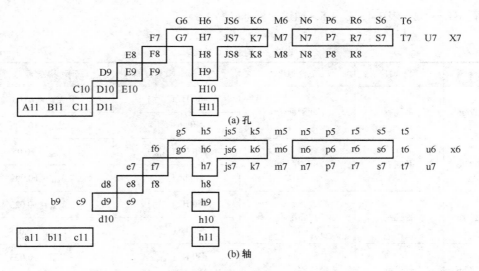

图 3-14 优先、常用公差带

国家标准还推荐了优先和常用的配合，见表 3-6 和表 3-7。如有可能，应优先选择框中所示的配合。基孔制的优先配合有 16 种，基轴制的优先配合有 18 种。

表 3-6 基孔制优先、常用配合

基准孔	轴公差带代号																	
	间隙配合						过渡配合			过盈配合								
H6					g5	h5	js5	k5	m5		n5	p5						
H7				f6	g6	h6	js6	k6	m6	n6	p6	r6	s6	t6	u6	x6		
H8			e7	f7		h7	js7	k7	m7				s7		u7			
		d8	e8	f8		h8												
H9		d8	e8	f8		h8												
H10	b9	c9	d9	e9		h9												
H11	b11	c11	d10			h10												

表3-7　基轴制优先、常用配合

基准轴	孔公差带代号																
	间隙配合						过渡配合				过盈配合						
h5						G6	H6	JS6	K6	M6		N6	P6				
h6				F7	G7	H7	JS7	K7	M7	N7		P7	R7	S7	T7	U7	X7
h7			E8	F8		H8											
h8		D9	E9	F9		H9											
h9			E8	F8		H8											
		D9	E9	F9		H9											
	B11	C10	D10			H10											

可以看出，在绝大多数情况下，孔会和比它高一级的轴配合，也有一些情况孔和轴采用同级配合，极特殊情况孔和低一级或高两级的轴配合，这是由经济因素决定的。

【例3-6】　试比较以下每组中两对配合的极限间隙或极限过盈。

（1）$\phi40$ H7/g6 与 $\phi40$ G7/h6；（2）$\phi40$ H7/k6 与 $\phi40$ K7/h6；（3）$\phi40$ H7/s6 与 $\phi40$ S7/h6。

解：查表3-2、表3-4、表3-5，通过计算可得表3-8。

表3-8　例题3-6计算表　　　　　　　　　　　　　　　　mm

配合	配合制	配合类型	极限偏差	极限间隙或极限过盈
$\phi40$ H7/g6	基孔制	间隙配合	$\phi40$ H7 $\binom{+0.025}{0}$	$X_{max} = +0.05$
			$\phi40$ g6 $\binom{-0.009}{-0.025}$	$X_{min} = +0.009$
$\phi40$ G7/h6	基轴制	间隙配合	$\phi40$ G7 $\binom{+0.034}{+0.009}$	$X_{max} = +0.05$
			$\phi40$ h6 $\binom{0}{-0.016}$	$X_{min} = +0.009$
$\phi40$ H7/k6	基孔制	过渡配合	$\phi40$ H7 $\binom{+0.025}{0}$	$X_{max} = +0.023$
			$\phi40$ k6 $\binom{+0.018}{+0.002}$	$Y_{max} = -0.018$
$\phi40$ K7/h6	基轴制	过渡配合	$\phi40$ K7 $\binom{+0.007}{-0.018}$	$X_{max} = +0.023$
			$\phi40$ h6 $\binom{0}{-0.016}$	$Y_{max} = -0.018$
$\phi40$ H7/s6	基孔制	过盈配合	$\phi40$ H7 $\binom{+0.025}{0}$	$Y_{max} = -0.059$
			$\phi40$ s6 $\binom{+0.059}{+0.043}$	$Y_{min} = -0.018$
$\phi40$ S7/h6	基轴制	过盈配合	$\phi40$ S7 $\binom{-0.034}{-0.059}$	$Y_{max} = -0.059$
			$\phi40$ h6 $\binom{0}{-0.016}$	$Y_{min} = -0.018$

由表3-8可以看出，代号相当的两个常用配合，其配合性质相同，使用起来效果是一致的。

3.2.6　一般公差

一般公差指在车间通常加工条件下可保证的公差。采用一般公差的尺寸，不需要注出极限偏差数值。一般公差分为精密 f、中等 m、粗糙 c 和最粗 v 共 4 个公差等级，相当于 IT12、IT14、IT16 和 IT17。

线性尺寸的极限偏差数值见表 3-9；倒圆半径和倒角高度尺寸的极限偏差数值见表 3-10；角度尺寸的极限偏差数值见表 3-11，其值按角度短边长度确定，对圆锥角按圆锥素线长度确定。由上述各表可以看出，一般公差均取对称分布，简单方便，减少纠纷。

表 3-9 线性尺寸的极限偏差数值   mm

公差等级	公称尺寸分段							
	0.5~3	>3~6	>6~30	>30~120	>120~400	>400~1000	>1000~2000	>2000~4000
精密 f	±0.05	±0.05	±0.1	±0.15	±0.2	±0.3	±0.5	—
中等 m	±0.1	±0.1	±0.2	±0.3	±0.5	±0.8	±1.2	±2
粗糙 c	±0.2	±0.3	±0.5	±0.8	±1.2	±2	±3	±4
最粗 v	—	±0.5	±1	±1.5	±2.5	±4	±6	±8

表 3-10 倒圆半径和倒角高度尺寸的极限偏差数值   mm

公差等级	公称尺寸分段			
	0.5~3	>3~6	>6~30	>30
精密 f	±0.2	±0.5	±1	±2
中等 m				
粗糙 c	±0.4	±1	±2	±4
最粗 v				

注：倒圆半径和倒角高度的含义参见 GB/T 6403.4。

表 3-11 角度尺寸的极限偏差数值

公差等级	长度分段/mm				
	~10	>10~50	>50~120	>120~400	>400
精密 f	±1°	±30′	±20′	±10′	±5′
中等 m					
粗糙 c	±1°30′	±1°	±30′	±15′	±10′
最粗 v	±3°	±2°	±1°	±30′	±20′

若采用一般公差，应在图样标题栏附近或技术要求、技术文件（如企业标准）中注出标准号及公差等级代号。例如选取中等级时，标注为

GB/T 1804—m

采用一般公差有以下优点：

(1)简化制图，使图样清晰易读；

(2)节省图样设计的时间，设计人员只要熟悉一般公差的有关规定并加以应用，可不必计算其公差值；

(3)明确了可由一般工艺水平保证的要素，可简化对这些要素的检验要求而有助于质量管理；

(4)突出图样上标注的公差，以便在加工和检验时引起足够的重视。

除另有规定，超出一般公差的工件如未达到损害其功能时，通常不应判定拒收。

3.3　极限与配合的选择和应用

公差与配合的选用是机械设计和制造的一个很重要的环节，选择得是否合适，直接影响到机器的使用性能、寿命、互换性和经济性。公差与配合的选用主要包括：配合制的选用、公差等级的选用和配合种类的选用。

3.3.1　配合制的选用

设计时，为了减少定值刀具与量具的规格和种类，应该优先选用基孔制。

虽然两种配合制对于零件的功能没有技术性差别，但是从工艺角度考虑，用钻头、铰刀等定值刀具加工中等精度的孔时，每一把刀具只能加工出某一尺寸，而同一把车刀或一个砂轮可以加工大小不同的轴，故改变轴的极限尺寸比较容易，采用基孔制更有经济优势。对于尺寸较大、精度较低的孔，虽然一般不使用定值刀具和量具，但为了统一和习惯，也选择基孔制。

可以带来切实的经济利益时，应选用基轴制配合，如下列情况：

(1)在农业机械、纺织机械、建筑机械中经常使用具有一定公差等级的冷拉钢棒直接做轴，采用基轴制可避免冷拉钢棒的尺寸规格过多。

(2)加工尺寸小于1mm的精密轴比同级孔困难，因此在仪器制造、钟表生产、无线电工程中，常使用经过光轧成型的钢丝直接做轴，采用基轴制更经济。

(3)在同一轴与公称尺寸相同的几个孔相配合，且配合性质不同的情况下，可考虑基轴制。比如，内燃机中活塞销与活塞孔和连杆套筒的配合，如图 3-15(a)所示。根据使用要求，活塞销与活塞孔的配合为过渡配合，活塞销与连杆套筒的配合为间隙配合。

如果选用基孔制配合，三处配合分别为 H6/m5、H6/h5 和 H6/m5，公差带如图 3-15(b)所示；如果选用基轴制配合，三处配合分别为 M6/h5、H6/h5 和 M6/h5，公差带如图 3-15(c)所示。选用基孔制时，必须把轴做成台阶形式才能满足各部分的配合要求，而且不利于加工和装配；如果选用基轴制，就可把轴做成光轴，非常方便。

(4)与标准件配合的孔或轴，必须以标准件为基准件来选择配合制。如滚动轴承内圈和轴颈的配合必须采用基孔制，见图 3-16 中的 ϕ55 j6；外圈和轴承座孔的配合必须采用基轴制，见图 3-16 中的 ϕ100 J7。

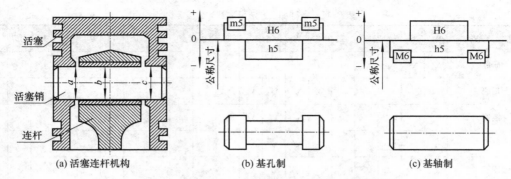

图 3-15　活塞销与活塞连杆机构的配合及孔、轴公差带

(a) 活塞连杆机构　　　(b) 基孔制　　　(c) 基轴制

此外，在一些经常拆卸和精度要求不高的特殊场合可以采用非基准制。比如滚动轴承端盖凸缘与箱体孔的配合，见图 3-16 中的 $\phi100$ J7/e9；轴上用来轴向定位的隔套与轴的配合，见图 3-16 中的 $\phi55$ G9/j6，采用的都是非基准制。

3.3.2　公差等级的选用

精度越高，成本越高，所以公差等级的选用有一个基本原则，就是在能够满足使用要求的前提下，尽量选择低的公差等级。在低精度区，如图 3-17 中的 B 点右侧，提高精度增加的成本较少；而在高精度区，

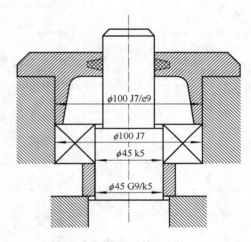

图 3-16　滚动轴承配合

$\phi100$ J7/e9

$\phi100$ J7

$\phi45$ k5

$\phi45$ G9/k5

如图 3-17 中的 A 点左侧，精度稍有提高，成本和废品率急剧增加。因此，选用高精度时需要格外谨慎。

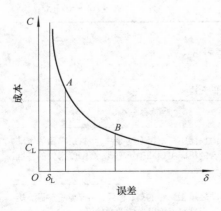

图 3-17　公差等级与成本关系

公差等级的选用通常使用类比法，除遵循上述原则外，还应考虑以下问题。

（1）工艺等价性　令孔和轴的加工难度基本相同。中等尺寸中等精度的孔比同级的轴加工困难，通常选用孔与比它高一级的轴配合；精度较低或尺寸较大的孔，精度容易保证，通常选用同级轴；尺寸较小时工艺多样，孔的公差等级可能高于、等于或低于轴。

（2）工艺可能性　选用公差等级还要考虑本厂的加工设备、生产条件等情况。各种加工方法可达到的公差等级见表 3-12。

表 3-12　各种加工方法可达到的公差等级

加工方法	01	0	1	2	3	4	5	6	7	8	9	10	11	12	13	14	15	16	17	18
研磨	√	√	√	√	√	√	√													
珩磨						√	√	√	√											
圆磨							√	√	√	√										
平磨							√	√	√	√										
金刚石车							√	√	√											
金刚石镗							√	√	√											
拉削							√	√	√	√										
铰孔								√	√	√	√									
精车精镗									√	√										
粗车												√	√	√						
粗镗												√	√	√						
铣										√	√	√	√							
刨、插												√	√							
钻削												√	√	√	√					
冲压												√	√	√	√					
滚压、挤压												√	√							
锻造																	√	√		
砂型铸造																		√	√	
气割																	√	√	√	√

(3) 公差等级的应用范围　具体的公差等级的选择可参考表 3-13。

表 3-13　常用配合尺寸 IT5～IT13 级的应用

公差等级	适用范围	应用举例
IT5	用于仪表、发动机和机床中特别重要的配合，加工要求较高，一般机械制造中很少用，能保证配合性质的稳定性	航空及航海仪器中特别精密的零件；与特别精密的滚动轴承相配合的机床主轴和轴承座孔，高精度齿轮的基准孔和基准轴
IT6	用于机械制造中精度要求较高的重要配合，特点是能得到均匀的配合性质，使用可靠	与 6 级滚动轴承相配合的孔、轴颈；机床丝杠轴颈；矩形花键的定心直径；摇臂钻床的立柱
IT7	广泛用于机械制造中精度要求较高、较重要配合	联轴器、带轮、凸轮等孔径；机床卡盘座孔；发动机的连杆孔、活塞孔

续表

公差等级	适用范围	应用举例
IT8	机械制造中属于中等精度, 用于对配合性质要求不太高的次要场合	轴承座衬套宽度方向尺寸; IT9～IT12 级齿轮基准孔; IT11、IT12 级齿轮基准轴
IT9～IT10	属于较低精度, 只适用于要求不高的次要配合	机械制造中轴套外径与孔, 操作件与轴, 空轴带轮与轴, 单键与花键
IT11～IT13	属于低精度, 只适用于基本上没有什么配合要求的场合	非配合尺寸及工序间尺寸, 滑块与滑移齿轮, 冲压加工的配合件, 塑料成型尺寸公差

(4) 配合类型　过渡配合和过盈配合对间隙或过盈的变化比较敏感, 公差等级不宜太大, 一般孔≤IT8, 轴≤IT7。对于间隙配合, 间隙小的公差等级应较小, 间隙大的公差等级可较大。

(5) 精度匹配　相配合的零部件精度要匹配, 例如, 齿轮孔与轴的配合, 它们的公差等级取决于齿轮的精度等级, 与滚动轴承相配合的轴承座孔和轴颈的公差等级取决于滚动轴承的公差等级。零件要求不高时, 可与相配零件的公差等级相差 2～3 级。

3.3.3　配合的选择

配合的选择主要是根据使用要求确定配合种类和配合代号。

(1) 确定配合种类　当相配合的孔、轴之间有相对运动时, 选择间隙配合; 当相配合的孔、轴之间无相对运动、不经常拆卸且需要传递一定的转矩时, 选择过盈配合; 当相配合的孔、轴之间无相对运动且需要经常拆卸时, 选择过渡配合。

(2) 非基准件基本偏差标示符的选择　通常有三种方法, 分别是计算法、试验法和类比法。

计算法根据一定的理论和公式计算出所需的间隙或过盈, 计算结果是近似值, 在实际生产中还需要通过试验来确定; 试验法用于对产品性能影响很大的配合, 要进行大量试验来确定最佳的间隙或过盈, 成本比较高; 类比法则参照类似的经过生产实践验证的机械, 分析零件的工作条件及使用要求, 以它们为样本来选择配合种类, 是机械设计中最常用的方法。使用类比法进行设计时, 各种基本偏差的选择可参考表 3-14 来进行。

选用时应首先考虑优先公差带及优先配合, 选用说明见表 3-15。

此外, 选择配合时还应该考虑工作情况的影响, 见表 3-16。

表 3-14　各种基本偏差的特点及应用实例

配合	基本偏差	各种基本偏差的特点及应用实例
间隙配合	a(A) b(B)	可得到特别大的间隙, 应用很少。主要用于工作温度高、变形大的零件配合, 如发动机的活塞与缸套的配合为 H9/a9
	c(C)	可得到很大的间隙。一般用于工作条件较差(如农业机械)、工作时受力变形大及装配工艺不好的零件配合, 也适用于高温工作的间隙配合, 如内燃机排气阀杆与导管的配合为 H8/c7

续表

配合	基本偏差	各种基本偏差的特点及应用实例
间隙配合	d(D)	与 IT7～IT11 对应，适用于较松的间隙配合(如滑轮、空转的带轮与轴的配合)以及大尺寸滑动轴承与轴颈的配合(如涡轮机、球磨机等的滑动轴承)。活塞环与活塞槽可用 H9/d9
	e(E)	与 IT6～IT9 对应，具有明显的间隙。用于大跨距及多承的转轴与轴承的配合以及高速、重载的大尺寸轴颈与轴承的配合，如大型发电机、内燃机的主要轴承处的配合为 H8/e7
	f(F)	多与 IT6～IT8 对应，用于一般的转动配合，温度的影响不大，采用普通润滑油的轴颈与滑动轴承的配合，如齿轮箱、小电机、泵等的转轴轴颈与滑动轴承的配合为 H7/f6
	g(G)	多与 IT5～IT7 对应，形成配合的间隙较小。用于轻载精密装置中的转动配合，如滑阀、定位销、连杆销等处的配合，钻套导向孔多用 G6
	h(H)	多与 IT4～IT11 对应，广泛用于无相对转动的配合、一般的定位配合。若没有温度变形的影响，也可以用于精密滑动轴承如车床尾座导向孔与滑动套筒的配合
过渡配合	js(JS)	多用于 IT4～IT7，具有平均间隙的过渡配合。用于略有过盈的定位配合，如联轴器、齿圈与轮毂的配合，滚动轴承外圈与轴承座孔的配合多用 JS7。一般用手或木槌装配
	k(K)	多用于 IT4～IT7，平均间隙接近零的过渡配合。用于定位配合，如滚动轴承内、外圈分别与轴颈、轴承座孔的配合。用木槌装配
	m(M)	多用于 IT4～IT7，平均过盈较小的配合。用于精密的定位配合，如涡轮的青铜轮缘与轮毂的配合为 H7/m6
	n(N)	多用于 IT4～IT7，平均过盈较大的配合，很少形成间隙。用于加键传递较大转矩的配合，如冲床上齿轮的孔与轴的配合。用木槌装配
过盈配合	p(P)	用于小过盈量配合。与 H6 或 H7 的孔形成过盈配合，而与 H8 形成过渡配合。碳钢和铸铁零件形成的配合为标准压入配合，如卷扬机绳轮的轮毂与齿圈的配合为 H7/p6。合金钢零件的配合需要小过盈量时可用 p 或 P
	r(R)	用于传递大转矩或受冲击载荷而需要加键的配合，如涡轮孔与轴的配合为 H7/r6。需注意 H8/r8 配合在公称尺寸＜100mm 时为过渡配合
	s(S)	可产生相当大的结合力，用于钢和铸铁零件的永久性结合和半永久性结合，如套环压在轴、阀座上用 H7/s6 配合
	t(T)	用于钢和铸铁零件的永久性结合，不用键可传递转矩，如联轴器与轴的配合为 H7/t6。用热套法或冷轴法装配
	u(U)	用于大过盈量配合，最大过盈需验算，如火车轮毂和轴的配合为 H6/u5。用热套法进行装配
	v(V) x(X) y(Y) z(Z)	用于特大过盈量配合。目前使用的经验和资料很少，须经试验后才能应用，一般不推荐

表 3-15　优先配合选用说明

优先配合		说明
基孔制	基轴制	
H11/b11, H11/c11	B11/h9	间隙非常大，用于很松、转动很慢的动配合或装配很方便的配合
H9/e8	E9/h8	间隙很大的自由配合，用于精度非主要要求、温度变化大、转速高或轴颈压力大时
H8/f7	F8/h7	间隙不大的转动配合，用于中等转速与中等轴颈压力的转动，也用于装配比较容易的中等定位配合
H7/g6	G7/h6	间隙很小的滑动配合，用于不希望自由转动但可以自由移动和滑动并精密定位时，也可以用于要求比较明确的定位配合

续表

优先配合		说明
基孔制	基轴制	
H7/h6，H8/h7，H9/h9，H10/h9		均为间隙定位配合，在最大实体条件下的间隙为零，在最小实体条件下的间隙由公差等级决定，零件可以自由拆装，工作时一般相对静止
H7/js6，H7/k6	JS7/h6，K7/h6	过渡配合，用于精密定位
H7/n6	N7/h6	过渡配合，用于更精密的定位
H7/p6	P7/h6	过盈定位配合即小过盈配合，用于定位精度特别重要时，能以最好的定位精度达到部件的刚性及对中性要求
H7/r6	R7/h6	过盈较小的配合，用于不常拆卸的轻型过盈联结
H7/s6	S7/h6	中等压入配合，用于一般钢件或薄壁零件的冷缩配合，用于铸铁件可得到很紧的配合

表 3-16　工作情况对间隙或过盈的影响

工作状况	间隙应增或减	过盈应增或减
材料许用应力小	—	减
安装困难	—	减
有冲击载荷	减	增
工作时孔的温度高于轴的温度（零件材料相同）	减	增
工作时轴的温度高于孔的温度（零件材料相同）	增	减
结合长度较大	增	减
配合表面几何误差大	增	减
零件装配时可能偏斜	增	减
旋转速度较高	增	增
有轴向运动	增	—
润滑油的黏度较大	增	—
表面粗糙	减	增
装配精度较高	减	减
装配精度较低	增	增

【例 3-7】　已知某配合公称尺寸 $\phi40\text{mm}$，允许其间隙和过盈在 +0.024～−0.02mm 范围内变动，试确定孔轴公差带，并画出公差带图。

解：（1）选择配合制

无特殊要求，选择基孔制，$EI = 0$。

（2）选择公差等级

配合公差许用值 $T'_f = |X'_{max} - Y'_{max}| = +0.024\text{mm} - (-0.02)\text{mm} = 0.044\text{mm}$

查表 3-2 可知，IT6 = 16μm，IT7 = 25μm，由于孔的精度通常低一级，可尝试取孔为 IT7，轴为 IT6，此时 $T_f = \text{IT6} + \text{IT7} = 41\,(\mu\text{m})$，满足许用值且最大。

（3）确定孔轴公差带代号

综上，孔为 $\phi40\ H7(^{+0.025}_{0})$。

最大间隙 $X_{\max} = +0.025mm - ei \leqslant +0.024mm$，即 $ei \geqslant +0.001mm$。

查表 3-4，取轴的基本偏差标示符为 k，则其公差带为 $\phi40\ k6(^{+0.018}_{+0.002})$。

（4）验算

$X_{\max} = ES - ei = +0.025mm - 0.002mm = +0.023mm$

$Y_{\max} = EI - es = 0 - 0.018mm = -0.018mm$

最大间隙和最大过盈都在给定范围内，设计结果满足要求。

公差带图见图 3-18。

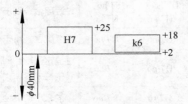

图 3-18　公差带图

🧑‍🤝‍🧑 思考题与习题

一、简答题

1. 什么是广义的孔和轴？

2. 什么是偏差和公差？什么是极限尺寸和极限偏差？

3. 尺寸公差带的两个要素是什么？国家标准是怎样实行标准化的？

4. 什么是配合？配合分为几种？各用于什么场合？

5. 加工精度和配合精度有什么关系？

6. 什么是配合制？配合制有几种？分别有什么特点？优先使用哪一种？为什么？

7. 什么是一般公差？

二、判断题

1. 基本偏差决定公差带的位置。（　　　）

2. 孔的基本偏差即下极限偏差，轴的基本偏差即上极限偏差。（　　　）

3. 过渡配合可能具有间隙，也可能具有过盈，因此，过渡配合可能是间隙配合，也可能是过盈配合。（　　　）

4. 配合公差的数值越小，则相互配合的孔、轴的公差等级越高。（　　　）

5. 基轴制过渡配合的孔，下极限偏差必小于零。（　　　）

6. 未注公差的尺寸没有公差要求。（　　　）

7. 基本偏差 a～h 与基准孔构成间隙配合，其中 h 配合最紧。（　　　）

8. 实际尺寸越接近公称尺寸，则其精度越高。（　　　）

9. 公差在一般情况下为正值，有时也可能为负值或零。（　　　）

10. 上极限尺寸一定大于公称尺寸，下极限尺寸一定小于公称尺寸。（　　　）

11. 测量一批零件的实际尺寸，得到最大值为 20.01mm，最小值为 19.98mm，则可以推断其公称尺寸为 20mm，上极限偏差为 +0.01mm，下极限偏差为 -0.02mm。（　　　）

三、填空题

1. $\phi30^{+0.021}_{0}mm$ 的孔与 $\phi30^{-0.007}_{-0.02}mm$ 的轴配合，属于_____制_____配合。

2. $\phi30^{+0.012}_{-0.009}mm$ 的孔与 $\phi30^{0}_{-0.013}mm$ 的轴配合，属于_____制_____配合。

3. 孔尺寸 $\phi48$ P7，其基本偏差是_____ μm，下极限尺寸是_____ mm。

4. 对于 $\phi50$ H10 的孔和 $\phi50$ js10 的轴，已知 IT10 = 0.1mm，其 ES 为_____ mm，EI 为_____ mm，es 为_____ mm，ei 为_____ mm。

5. 标准公差的大小随公称尺寸的增大而_____，随公差等级的提高而_____。

6. 某配合的最大过盈为 −60μm，配合公差为 40μm，则该配合属于_____配合。

7. 公差等级的选择原则是在_____的前提下，尽量选用_____的公差等级。

8. $\phi30$ F7/h6 表示_____为 30mm 的_____制_____配合。其中 F7、h6 是_____代号，F、h 是_____，7、6 表示_____。

四、选择题

1. 下列情况中，应选用过盈配合的有_____。

A. 需要传递足够大的转矩　　　　　B. 不可拆联结

C. 有轴向运动　　　　　　　　　　D. 要求定心且常拆卸

E. 承受较大的冲击载荷

2. 下列有关公差等级的论述中，正确的有_____。

A. 公差等级高，则公差带宽

B. 国家标准规定，标准公差分为 18 级

C. 公差等级的高低，影响公差带的大小，决定配合的精度

D. 孔、轴相配合，均为同级配合

3. 各级 a～h 轴和 H 孔配合必组成_____。

A. 间隙配合　　　　B. 过渡配合　　　　C. 过盈配合　　　　D. 无法确定

4. 对于尺寸公差带，代号为 P～ZC 的基本偏差为_____。

A. 上极限偏差，正值　　　　　　　B. 上极限偏差，负值

C. 下极限偏差，正值　　　　　　　D. 下极限偏差，负值

五、综合题

1. 用已知数值确定下表中各项数值。

mm

	项目	(1)		(2)		(3)	
		孔	轴	孔	轴	孔	轴
1	公称尺寸	$\phi50$		$\phi80$		$\phi30$	
2	上极限偏差						0
3	下极限偏差			0	+0.043	−0.011	
4	上极限尺寸	50.039	49.975				
5	下极限尺寸	50	49.950				
6	最大实体尺寸						
7	最小实体尺寸					30.002	29.991
8	公差			0.03	0.019		
9	最大间隙(最小过盈)						

续表

项目		(1)		(2)		(3)	
		孔	轴	孔	轴	孔	轴
10	最小间隙（最大过盈）						
11	配合公差						
12	配合种类						
13	在零件图上标注						

2. 查出下列公差带的极限偏差。

(1) $\phi16$ d9； (2) $\phi60$ m6； (3) $\phi45$ T7。

3. 查表确定下列配合中各孔、轴的公差、基本偏差、极限偏差、极限尺寸、极限间隙或极限过盈、配合种类和配合制，并画出公差带图。

(1) $\phi100$ H8/e7； (2) $\phi50$ JS7/h6； (3) $\phi30$ P7/h6。

4、确定下列孔和轴的公差代号。

(1) 孔： $\phi30^{+0.052}_{0}$ mm ； $\phi40^{+0.034}_{+0.009}$ mm ； $\phi60^{-0.009}_{-0.039}$ mm 。

(2) 轴： $\phi30^{+0.036}_{+0.015}$ mm ； $\phi40^{0}_{-0.039}$ mm ； $\phi60$ mm ± 0.0095 mm 。

5. 下面 3 根轴哪个精度最高？ 哪个精度最低？

(1) $\phi70^{+0.105}_{+0.075}$ mm ； (2) $\phi250^{-0.015}_{-0.044}$ mm ； (3) $\phi10^{0}_{-0.022}$ mm 。

6. 已知某轴的公称尺寸为 $\phi30$ mm，公差值 21μm，上极限偏差 –20μm，几个不同位置的实际尺寸分别为 29.968mm、29.959mm、29.961mm、29.972mm、29.978mm、29.957mm，画出公差带图，判断其适用性，并说明合格与否的理由。

7. 公称尺寸为 $\phi45$ mm，孔的公差值为 25μm，轴的上极限偏差 $es=0$，最大过盈 $Y_{max}=$ –50μm，最小过盈 $Y_{min}=$ –9μm，计算配合公差，并画出公差带图。

8. 有一对孔、轴配合，公称尺寸为 $\phi50$ mm，要求配合间隙为 +48～+116μm，试确定公差等级，并选择合适的配合、画出公差带图。

9. 有一对孔、轴配合，公称尺寸为 $\phi75$ mm，要求配合过盈为 –38～–74μm，试确定公差等级，并选择合适的配合、画出公差带图。

10. 有一对孔、轴配合，公称尺寸为 $\phi28$ mm，要求配合的间隙与过盈为 –18～+20μm，试确定公差等级，并按基轴制选择合适的配合、画出公差带图。

11. 已知轴套与孔和轴的配合分别为 $\phi70$ H7/k6 和 $\phi40$ H8/f7，请在图 3-19 上标注尺寸，然后绘制其零件图并标注尺寸。

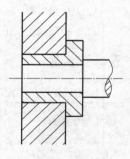

图 3-19

第 4 章
几何公差

【学习目标和要求】

1. 牢记 19 个几何特征的名称和符号。

2. 掌握形状公差、方向公差、位置公差和跳动公差这四类几何公差的特点，能够通过分析说出几何特征的含义，能够在图样上正确标注给定的几何公差。

3. 了解基准的概念，掌握其使用方法。

4. 了解几何误差的检测，理解最小包容区域以及定向最小包容区域、定位最小包容区域的含义，并能将其应用于误差判定。

5. 理解独立原则、包容要求和实体要求的含义、标注方法、检测手段和主要应用场合。其中最小实体要求和可逆要求应用较少，作为选学内容。

6. 能够识读图样上已标注的几何公差，并且具备初步的选择及使用能力，包括几何特征、公差等级、基准等。

其中第 1、2 条是学习本章最基本、最重要的要求，第 6 条是学习本章的最终目的，将来设计、制造、检测等工作岗位都需要这样的能力，这里先进行初步学习，在日后的工作实践中逐步提高。这一章是三大精度的第二部分，也是重中之重，需要在尺寸公差的基础上进行学习，并且有一定难度。学好这一章，以后的内容就迎刃而解了。

4.1　概述

在零件加工过程中，不论加工设备和方法如何精密、可靠，都不可避免地会出现误差。除了尺寸方面的误差外，还会存在各种形状和相对位置方面的误差。例如，要求直、平、圆的地方达不到理想的直、平、圆，要求同轴、对称或位置准确的地方达不到绝对的同轴、对称或位置准确。实际加工得到的零件形状和几何要素之间的位置关系相对其理想的形状和位置关系存在差异，这就是几何误差。

几何误差对机器或仪器的工作精度、连接强度、密封性、运动平稳性、噪声、耐磨性及寿命等方面都会产生影响，所以必须根据具体的功能要求，把误差控制在一定的范围内，以便实现互换性，这就用到了几何公差。

相关的国家标准如下：

GB/T 18780.1—2002《产品几何量技术规范（GPS）几何要素　第 1 部分：基本术语和定义》；

GB/T 1182—2018《产品几何技术规范（GPS）几何公差　形状、方向、位置和跳动公差标注》；

GB/T 17851—2010《产品几何技术规范（GPS）几何公差　基准和基准体系》；

GB/T 13319—2020《产品几何技术规范（GPS）几何公差　成组（要素）与组合几何规范》；

GB/T 4249—2018《产品几何技术规范（GPS）基础　概念、原则和规则》；

GB/T 16671—2018《产品几何技术规范（GPS） 几何公差 最大实体要求（MMR）、最小实体要求（LMR）和可逆要求（RPR）》；

GB/T 1184—1996《形状和位置公差 未注公差值》；

GB/T 1958—2017《产品几何技术规范（GPS） 几何公差 检测与验证》。

随着科技的进步与国际化潮流，国家标准更新很快，几何公差方面变革较大，本章以上述国家标准为依据，介绍相关知识。

4.1.1   几何公差的术语和定义

几何公差的研究对象是几何要素，上一章已经学过一些关于几何要素的术语和定义，现在来复习一下，同时学习另外几个概念。

4.1.1.1   组成要素和导出要素

（1）组成要素   属于工件的实际表面或表面模型的几何要素。组成要素是从本质上定义的。

（2）导出要素   对组成要素进行操作而产生的几何要素，通常为中心点、中心线或中心面。导出要素依赖于组成要素，如球面是组成要素，其中心是导出要素；圆柱面是组成要素，其中心线是导出要素；两相对平行面是组成要素，其中心面是导出要素。当导出要素具有理想形状时，称作轴线或中心平面。

4.1.1.2   公称要素和实际要素

（1）公称要素   由设计者在产品技术文件中定义的理想要素。

（2）实际要素   对应于工件实际表面部分的几何要素。

4.1.1.3   提取要素和拟合要素

（1）提取要素   由有限个点组成的几何要素。"提取"概念可以应用于组成要素或导出要素。

（2）拟合要素   通过拟合操作，从非理想表面模型中或从实际要素中建立的理想要素。

4.1.1.4   理想要素和非理想要素

（1）理想要素   由类型和本质特征定义。例如类型是圆柱面，本质特征是其直径。用来确定公称模型的理想要素称为公称要素，依赖于非理想表面模型特征的理想要素称为拟合要素。缺省时，公称要素是有界的，拟合要素是无界的。

（2）非理想要素   完全依赖于非理想表面模型，它是有界的，由无限个点或有限个点组成。

4.1.1.5   被测要素和基准

（1）被测要素   图样中给出了几何公差要求的要素，是测量的对象。

（2）基准   用来定义公差带的位置和/或方向、或用来定义实体状态的位置和/或方向的一个或一组方位要素。

几何要素定义之间的相互关系见图 4-1。

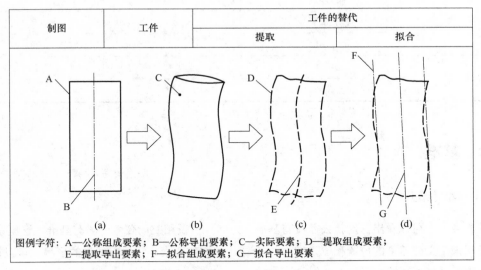

制图	工件	工件的替代	
		提取	拟合

图例字符：A—公称组成要素；B—公称导出要素；C—实际要素；D—提取组成要素；
　　　　　 E—提取导出要素；F—拟合组成要素；G—拟合导出要素

图 4-1　几何要素定义之间的相互关系

4.1.2　几何特征和符号

国标规定了 19 种几何特征，分为 4 类，见表 4-1。

表 4-1　几何特征符号

公差类型	几何特征	符号	有无基准
形状公差	直线度	—	无
	平面度	▱	无
	圆度	○	无
	圆柱度	⌀	无
	线轮廓度	⌒	无
	面轮廓度	⌓	无
方向公差	平行度	//	有
	垂直度	⊥	有
	倾斜度	∠	有
	线轮廓度	⌒	有
	面轮廓度	⌓	有
位置公差	位置度	⊕	有或无
	同心度(中心点)	◎	有
	同轴度(中心线)	◎	有

续表

公差类型	几何特征	符号	有无基准
位置公差	对称度	≡	有
	线轮廓度	⌒	有
	面轮廓度	⌓	有
跳动公差	圆跳动	↗	有
	全跳动	↗↗	有

4.1.3　基准

4.1.3.1　基准的定义

从表 4-1 中可以看出，形状公差没有基准，方向、位置和跳动公差一般有基准。这里说的基准，是用来定义公差带的位置和/或方向的一个或一组方位要素。它具有理想的形状，可以是点、直线、平面或螺旋线等。

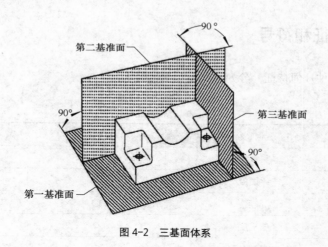

图 4-2　三基面体系

零件上用来建立基准并实际起基准作用的实际要素称为基准要素。例如基准是轴线，基准要素是一个孔。基准要素是实际加工出来的，本身存在误差，故应在必要时对其规定几何公差。

4.1.3.2　基准的分类

基准可以分为以下三种：

（1）单一基准　由一个基准要素建立的基准。该要素可以是组成要素，也可以是导出要素。

（2）公共基准　由两个或两个以上同时考虑的基准要素建立的一个基准。最典型的例子是减速器中的轴，通常在两端通过轴承支承安装在箱体内。评价这样一根轴的几何误差，经常要以"安装轴承的两个轴段的公共轴线"作为基准。

(3)基准体系　由两个或三个单一基准或公共基准按一定顺序排列建立。最常用的基准体系是三基面体系，它由三个互相垂直的基准平面组成，如图 4-2 所示，也可以根据零件特点使用极坐标系或圆柱坐标系。

基准体系中的基准顺序不同，产生的效果也不一样。第一基准对第二基准和第三基准有方向约束，第二基准对第三基准有方向约束。通常选择最重要或最大的平面作为第一基准，次要或较大的平面作为第二基准，不重要或最小的平面作为第三基准。

4.1.3.3　基准的体现

由基准要素建立基准时，基准由在实体外对基准要素或其提取组成要素进行拟合得到的拟合组成要素的方位要素建立。拟合方法有最小外接法、最大内切法、实体外约束的最小区域法和实体外约束的最小二乘法。

基准可采用拟合法和模拟法体现。

(1)拟合法　按一定的拟合方法对基准要素进行拟合及其他相关要素操作，得到的基准要素具有理想的尺寸、形状、方向和位置。

(2)模拟法　采用具有足够精确形状的实际表面(模拟基准要素)来体现基准。模拟基准要素与基准要素接触时，应形成稳定接触且尽可能保持两者之间的最大距离为最小。模拟基准要素是非理想要素，是对基准要素的近似替代，由此会产生测量不确定度。

当基准要素本身具有足够的形状精度时，可直接体现基准。

当基准要素的表面大大偏离理想形状时，使用整个表面作为基准要素会带来较大误差，可由基准要素的部分要素(一个点、一条线或一个区域)建立基准，用基准目标表示。

4.2　几何公差标注

4.2.1　几何公差规范标注

几何公差规范标注的组成包括公差框格、可选的辅助平面和要素标注以及可选的相邻标注，如图 4-3 所示。

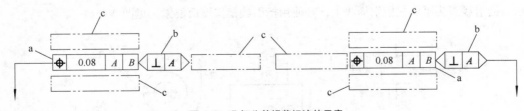

图 4-3　几何公差规范标注的元素
a—公差框格；b—辅助平面和要素框格；c—相邻标注

几何公差规范应使用参照线与指引线相连。如果没有可选的辅助平面或要素标注，参照线应与公差框格的左侧或右侧中点相连。如果有可选的辅助平面或要素标注，参照线应与公差框格的左侧中点或最后一个辅助平面和要素框格的右侧中点相连。

公差要求应标注在划分成两个部分或三个部分的矩形框格内，即公差框格。如图 4-4 所示，这些部分为自左向右顺序排列。

符号部分应包含几何特征符号。

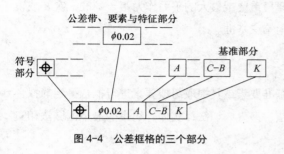

图 4-4　公差框格的三个部分

公差带、要素与特征部分要标出公差带的宽度，即公差值。公差值应以线性尺寸所使用的单位给出，通常为 mm。

基准部分可选，可包含 1～3 格，每个基准占一个格。通常用一个大写字母表示一个基准要素，也可以连续重复用同样的字母，建议不要用字母 I、O、Q 和 X。单一基准用一个字母表示，如图 4-5(a) 所示；公共基准用被短划线分开的两个或多个字母标出，如图 4-5(b) 所示；基准体系按照各基准的优先顺序在公差框格内依次标出，如图 4-5(c) 和 (d) 所示。

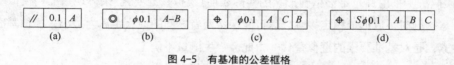

图 4-5　有基准的公差框格

辅助平面和要素框格以及相邻标注会在后续章节中详细介绍。

公差框格及辅助平面和要素框格的高度是字高的 2 倍，机械制图的常用字高为 3.5mm，框格的高度为 7mm。

4.2.2　被测要素的标注

几何公差规范的指引线指向被测要素，指引线终端带一箭头。

(1) 当被测要素是组成要素时，指引线终止在要素的轮廓或其延长线上(但与尺寸线明显分离)，以箭头终止，见图 4-6(a)、(b)。若指引线终止在要素的界限内，则以圆点终止。当该面要素可见时，此圆点是实心的，指引线为实线；当该面要素不可见时，这个圆点为空心，指引线为虚线。指引线箭头可放在指引横线上，并使用指引线指向该面要素，见图 4-6(c)。

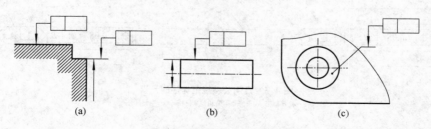

图 4-6　被测要素为组成要素

(2) 当被测要素是导出要素时，指引线箭头终止在尺寸要素的尺寸延长线上，如图4-7所示。

指引线的方向不影响公差带的定义。由于公差值给的公差带宽度默认垂直于被测要素，按照习惯，可以让箭头指向公差带的宽度方向。

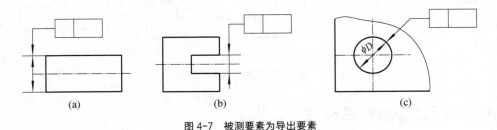

图 4-7　被测要素为导出要素

4.2.3　基准要素的标注

标注基准要素时，将基准字母写在基准方格内，与一个涂黑的三角形相连，如图4-8所示。注意，基准字母必须水平书写。

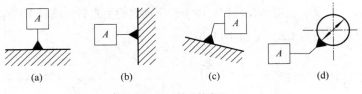

图 4-8　基准的表示

基准三角形必须紧贴基准要素，中间不留空，它的放置位置与几何公差规范的指引线类似。

(1) 当基准是组成要素时，基准三角形放置在基准要素的轮廓或其延长线上，与尺寸线明显分离，见图4-9(a)；基准三角形也可放置在面要素引出的指引横线上，见图4-9(b)。

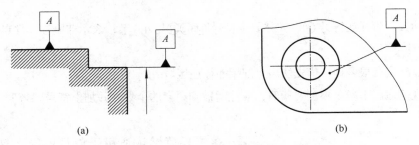

图 4-9　基准为组成要素

(2) 当基准是尺寸要素确定的轴线、中心平面或中心点时，基准三角形应放置在该尺寸线的延长线上，见图4-10。如果没有足够的位置标注基准要素尺寸的两个尺寸箭头，则其中一个箭头可用基准三角形代替。

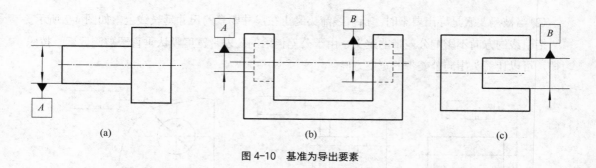

图 4-10　基准为导出要素

4.2.4　几何公差的特殊标注

（1）公差框格的公差带、要素与特征部分可以包含很多可选内容，常见的有以下几种。

① 形状规范元素。如果公差带为圆形或圆柱形，公差值前面应标注符号 ϕ；公差带为球形，公差值前面应标注符号 $S\phi$。

② 组合规范元素。如果规范适用于多个要素，默认遵守独立原则，即对每个被测要素的规范要求都是相互独立的，见图 4-11（a）。可选择标注独立公差带符号 SZ 以强调要素要求的独立性，但并不改变该标注的含义。当组合公差带应用于若干独立的要素时，或者用成组规范控制几何要素时，标注组合公差带符号 CZ，见图 4-11（b）。

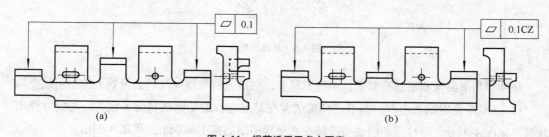

图 4-11　规范适用于多个要素

③ 延伸公差带标注符号 Ⓟ，实体要求符号 ⓂⓁⓇ见 4.4 节，表示非刚性零件自由状态下的公差要求标注符号 Ⓕ。

（2）相邻标注有很多种，优先使用上部相邻标注区域。

① 当规范适用于多个被测要素时，应注明被测要素的个数，并加上符号"×"，如图 4-12 所示。

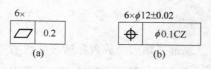

图 4-12　规范适用于多个被测要素

② 螺纹规范默认适用于中径的导出轴线，标注 "MD" 表示大径（图 4-13），标注 "LD" 表示小径。规定花键和齿轮的规范与基准应注明其适用的具体要素，例如标注 "PD" 表示节圆直径，"MD" 表示大径，"LD" 表示小径。

（3）多层公差标注。若需要为要素指定多个几何特征，为了方便，要求可在上下堆叠的公差框格中给出，如图 4-14 所示。此时，推荐将公差框格按公差值从上到下依次递减的顺序排布。参照线的位置取决于标注空间，应连接于某一行公差框格左侧或右侧的中点。

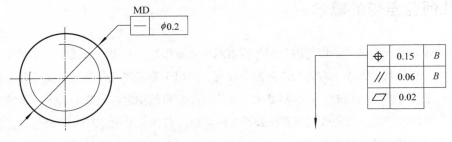

图 4-13　适用于螺纹大径的标注规范　　　　　　图 4-14　多层公差标注

（4）全周与全表面。如果将几何公差规范作为单独的要求应用到横截面的轮廓上，或将其作为单独的要求应用到封闭轮廓所表示的所有要素上时，应使用全周符号 ○ 标注，并放置在公差框格参照线与指引线的交点上。如果将几何公差规范作为单独的要求应用到工件的所有组成要素上，应使用全表面符号 ◎ 标注。

（5）局部规范。公差默认适用于整个被测要素，如果公差适用于整个要素内的任何局部区域，则应使用线性与/或角度单位（如适用）将局部区域的范围添加在公差值后面，并用斜杠分开，如图 4-15（a）所示。如果要标注两个或多个特征相同的规范，组合方式见图 4-15（b）。它表示整个范围内直线度公差值为 0.1mm，从任意位置开始的 200mm 内，公差值为 0.05mm。如果公差适用于要素内部的某个局部区域，应用粗长点画线和阴影区域来定义，并加注尺寸。

（6）理论正确尺寸（TED）。对于在一个要素或一组要素上所标注的位置、方向或轮廓规范，将确定各个理论正确位置、方向或轮廓的尺寸称为理论正确尺寸。基准体系中基准之间的角度也可用理论正确尺寸标注。理论正确尺寸不应包含公差，标注在一个方框中，见图 4-16。

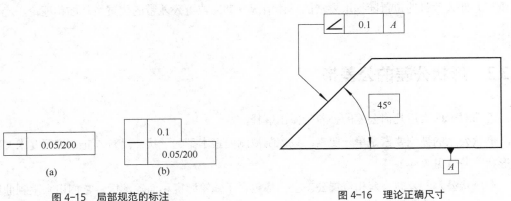

　　　　(a)　　　　　　(b)

图 4-15　局部规范的标注　　　　　　　　　　图 4-16　理论正确尺寸

4.3 几何公差的公差带

4.3.1 几何公差带的概念

几何公差带是由一个或两个理想的几何线要素或面要素限定的、由一个或多个线性尺寸表示公差值的区域，有形状、大小、方向和位置四个要素。应用于要素的几何公差定义了公差带，该公差带是相对于参照要素构建的，该被测要素应限定在公差带范围之内。除非有进一步的限定要求，例如标有附加性说明，否则被测要素在公差带内可以具有任何形状、方向与/或位置。除非另有规定，公差应适用于整个被测要素。

(1)公差带的形状　根据所规定的特征(项目)及其规范要求不同，公差带的主要形状如下：

① 一个圆内的区域；

② 两个同心圆之间的区域；

③ 在一个圆锥面上的两平行圆之间的区域；

④ 两个直径相同的平行圆之间的区域；

⑤ 两条等距曲线或两条平行直线之间的区域；

⑥ 一个圆柱面内的区域；

⑦ 两个同轴圆柱面之间的区域；

⑧ 两个等距曲面或两个平行平面之间的区域。

(2)公差带的大小　公差带的大小指公差值的大小 t，表明几何精度的高低，应根据零件需要由设计者给出。按上述公差带的形状不同，可以指公差带的宽度或直径。

(3)公差带的方向　公差带的方向指的是公差带相对于基准的方向要求。形状公差带没有基准，方向随提取要素的具体情况变动；方向公差带和位置公差带的方向由基准确定。

(4)公差带的位置　公差带的位置指的是公差带相对于基准或理想位置的距离要求。形状公差带和方向公差带的位置随提取要素的具体情况变动；位置公差带的位置由基准和理论正确尺寸确定。

4.3.2 形状公差的公差带

下面对一些常用几何公差的公差带做出解释。

形状公差的被测要素是单一要素，只控制被测要素本身的形状，没有方向、位置要求。典型的形状公差带见表 4-2。

在形状公差、方向公差和位置公差里，都包含了线轮廓度和面轮廓度，它们用来限制曲线和曲面的轮廓误差。无基准时，其公差带只有两个要素，形状和大小，作为形状公差；有方向基准时，其公差带有三个要素，形状、大小和方向，作为方向公差；有位置基准时，其公差带有四个要素，形状、大小、方向和位置，作为位置公差。

表 4-2　形状公差带的定义、标注和解释

符号	标注及解释	公差带的定义
一	圆柱表面的提取（实际）纵向线应限定在间距等于 0.1mm 的两平行直线之间 — 0.1	间距等于公差值 t 的两平行直线所限定的区域，且两平行直线与圆柱面轴线共面
	外圆柱面的提取（实际）中心线应限定在直径等于 $\phi0.08$mm 的圆柱面内 — $\phi0.08$	因为公差值前加注了直径符号 ϕ，所以公差带为直径等于公差值 ϕt 的圆柱面所限定的区域
▱	提取（实际）表面应限定在间距等于 0.08mm 的两平行平面之间 ▱ 0.08	间距等于公差值 t 的两平行平面所限定的区域
○	在圆柱面与圆锥面的任意横截面内，提取（实际）周圆应限定在半径差等于 0.03mm 的两共面同心圆之间 圆锥表面应使用方向要素框格 ○ 0.03　⊥ D ○ 0.03 D	在给定横截面内、半径差等于公差值 t 的两同心圆所限定的区域 a—任意相交平面(任意横截面)
⌭	提取（实际）圆柱表面应限定在半径差等于 0.1mm 的两同轴圆柱面之间 ⌭ 0.1	半径差等于公差值 t 的两同轴圆柱面所限定的区域

续表

符号	标注及解释	公差带的定义
⌒	在任一平行于基准平面 A 的截面内，提取(实际)轮廓线应限定在直径等于 0.04mm、圆心位于理论正确几何形状上的一系列圆的两等距包络线之间 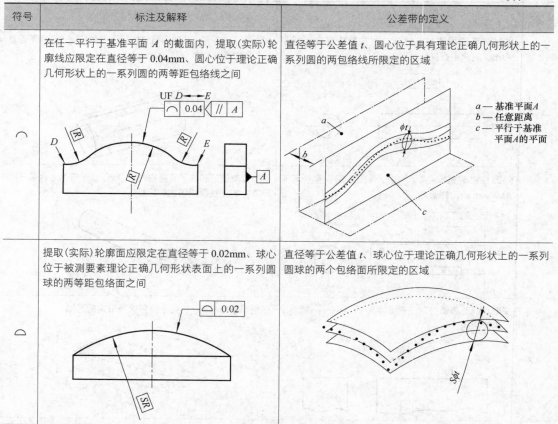	直径等于公差值 t、圆心位于具有理论正确几何形状上的一系列圆的两包络线所限定的区域 a—基准平面A b—任意距离 c—平行于基准平面A的平面
⌓	提取(实际)轮廓面应限定在直径等于 0.02mm、球心位于被测要素理论正确几何形状表面上的一系列圆球的两等距包络面之间	直径等于公差值 t、球心位于理论正确几何形状上的一系列圆球的两个包络面所限定的区域

4.3.3　方向公差的公差带

　　方向公差控制被测要素的形状和方向，没有位置要求。理想要素的方向由基准和理论正确尺寸共同确定，其中平行度和垂直度的理论正确尺寸为 0°和 90°，不需要标出。

　　每一种方向公差都可以细分出很多情况，比如平行度包括相对于基准体系的中心线平行度公差、相对于基准直线的中心线平行度公差、相对于基准面的中心线平行度公差、相对于基准面的一组在表面上的线平行度公差、相对于基准直线的平面平行度公差、相对于基准面的平面平行度公差；垂直度包括相对于基准直线的中心线垂直度公差、相对于基准体系的中心线垂直度公差、相对于基准面的中心线垂直度公差、相对于基准直线的平面垂直度公差、相对于基准面的平面垂直度公差；倾斜度包括相对于基准直线的中心线倾斜度公差、相对于基准体系的中心线倾斜度公差、相对于基准直线的平面倾斜度公差、相对于基准面的平面倾斜度公差等。逐一研究势必花费大量精力，也没有必要，故只需要考虑在特定情况下，提取(实际)要素可能出现哪些方向的误差，进而在该方向上做出限制即可。

　　典型的方向公差带见表 4-3。

表 4-3 方向公差带的定义、标注和解释

符号	标注及解释	公差带的定义
//	提取（实际）中心线应限定在平行于基准轴线 A、直径等于 $\phi0.03mm$ 的圆柱面内 	平行于基准轴线、直径等于公差值 ϕt 的圆柱面所限定的区域 a — 基准A
	提取（实际）中心线应限定在平行于基准平面 B、间距等于 0.01mm 的两平行平面之间 	平行于基准平面、间距等于公差值 t 的两平行平面所限定的区域 a — 基准B
	提取（实际）表面应限定在间距等于 0.01mm、平行于基准平面 D 的两平行平面之间 	间距等于公差值 t、平行于基准平面的两平行平面所限定的区域 a — 基准D
⊥	圆柱面的提取（实际）中心线应限定在直径等于 $\phi0.01mm$、垂直于基准面 A 的圆柱面内 	直径等于公差值 ϕt、轴线垂直于基准平面的圆柱面所限定的区域 a — 基准A

符号	标注及解释	公差带的定义
⊥	提取（实际）面应限定在间距等于 0.08mm、垂直于基准平面 A 的两平行平面之间 	间距等于公差值 t、垂直于基准平面 A 的两平行平面所限定的区域 　a—基准A
∠	提取（实际）表面应限定在间距等于 0.1mm 的两平行平面之间，该两平行平面按理论正确角度 75°倾斜于基准轴线 A 	间距等于公差值 t 的两平行平面所限定的区域，该两平行平面按规定角度倾斜于基准直线 　a—基准A

4.3.4　位置公差的公差带

位置公差用于控制被测要素的形状、方向和位置，理想要素的位置由基准和理论正确尺寸共同确定，其中同心度、同轴度、对称度的理论正确尺寸为 0，不需要标出。位置公差带相对理论正确位置对称分布，故实际（提取）要素相对理想要素的允许变动量是公差值的一半。典型的位置公差带见表4-4。

表 4-4　位置公差带的定义、标注和解释

符号	标注及解释	公差带的定义
⊕	各孔的提取（实际）中心线应各自限定在直径等于 ∅0.1mm 的圆柱面内，该圆柱面的轴线应处于由基准平面 C、A、B 与被测孔确定的理论正确位置 	直径等于公差值 ∅t 的圆柱面所限定的区域，该圆柱面轴线的位置由理论正确尺寸确定 　a—基准A b—基准B c—基准C

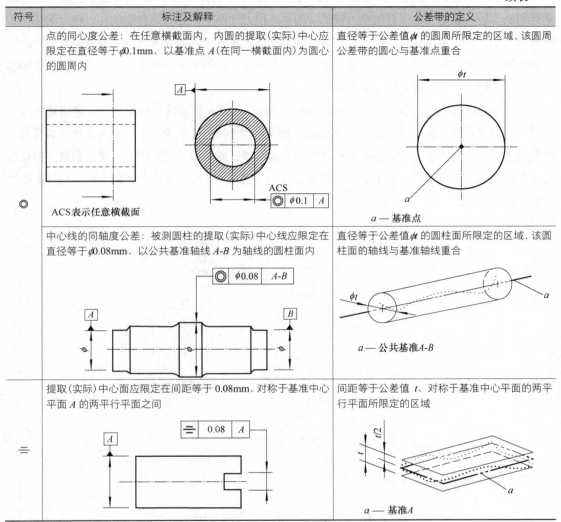

符号	标注及解释	公差带的定义
◎	点的同心度公差：在任意横截面内，内圆的提取（实际）中心应限定在直径等于$\phi 0.1$mm、以基准点 A（在同一横截面内）为圆心的圆周内 ACS表示任意横截面	直径等于公差值ϕt 的圆周所限定的区域，该圆周公差带的圆心与基准点重合 a — 基准点
◎	中心线的同轴度公差：被测圆柱的提取（实际）中心线应限定在直径等于$\phi 0.08$mm、以公共基准轴线 A-B 为轴线的圆柱面内	直径等于公差值ϕt 的圆柱面所限定的区域，该圆柱面的轴线与基准轴线重合 a — 公共基准A-B
≡	提取（实际）中心面应限定在间距等于 0.08mm、对称于基准中心平面 A 的两平行平面之间	间距等于公差值 t、对称于基准中心平面的两平行平面所限定的区域 a — 基准A

　　由位置度规范定义成组公差带内部的单独公差带之间的内约束时，若不存在参照基准体系的外约束，则位置度规范没有基准。

4.3.5　跳动公差的公差带

　　跳动公差和前面介绍的其他几何公差不同，是在生产实践中，基于检测方法制定的。它规定的是被测要素的提取要素绕基准轴线回转过程中所允许的最大跳动量，也就是测量表具在给定计值方向上测得的最大与最小示值之差的允许值。跳动控制的是综合误差，例如径向圆跳动可以综合控制圆度和同心度，径向全跳动可以综合控制圆柱度和同轴度。

　　跳动误差的测量方法简单直观，在实践中应用得非常广泛，该误差根据被测要素是线要素或是面要素分为圆跳动和全跳动。

（1）圆跳动　回转过程中，测量表具相对基准轴线的位置不变。所谓回转运动，既可以是被测件转动，也可以是测量表具转动。圆跳动根据计值方向的不同分为径向圆跳动、轴向圆跳动和斜向圆跳动，如图 4-17（a）、（d）、（c）所示。圆跳动误差是任一被测要素的提取要素绕基准轴线做无轴向移动的相对回转一周时，测头在给定计值方向上测得的最大与最小示值之差，反映了测量圆周上各点相对于基准轴线的位置差异。

（2）全跳动　回转过程中，测量表具沿零件的轴向或径向移过整个被测表面。全跳动根据计值方向的不同分为径向全跳动和轴向全跳动，如图 4-17（b）和（e）所示。全跳动误差是被测要素的提取要素绕基准轴线做无轴向移动的相对回转一周，同时测头沿给定方向的理想直线连续移动过程中，由测头在给定计值方向上测得的最大与最小示值之差，反映了整个表面上各点相对于基准轴线的位置差异。

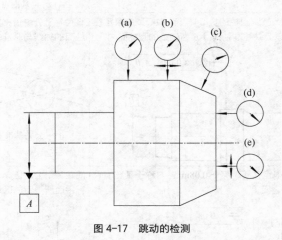

图 4-17　跳动的检测

典型的跳动公差带见表 4-5。

表 4-5　跳动公差带的定义、标注和解释

符号	标注及解释	公差带的定义
↗	径向圆跳动：在任一垂直于基准轴线 A 的横截面内，提取（实际）线应限定在半径差等于 0.1mm、圆心在基准轴线 A 上的两共面同心圆之间 ↗ 0.1 B A A B	在任一垂直于基准轴线的横截面内，半径差等于公差值 t、圆心在基准轴线上的两同心圆所限定的区域 b a a — 基准A b — 垂直于基准A的横截面

符号	标注及解释	公差带的定义
	轴向圆跳动：在与基准轴线 D 同轴的任一圆柱形截面上，提取（实际）圆应限定在轴向距离等于 0.1mm 的两个等圆之间	与基准轴线同轴的任一半径的圆柱截面上、间距等于公差值 t 的两圆所限定的圆柱面区域 *a*— 基准*D* *b*— 公差带 *c*— 与基准*D*同轴的 任意直径
	斜向圆跳动：在与基准轴线 C 同轴的任一圆锥截面（锥角与被测要素垂直）上，提取（实际）线应限定在素线方向间距等于 0.1mm 的两不等圆之间	与基准轴线同轴的任一圆锥截面上、间距等于公差值 t 的两圆所限定的区域 *a*— 基准*C* *b*— 公差带
	径向全跳动：提取（实际）表面应限定在半径差等于 0.1mm、与公共基准直线 $A\text{-}B$ 同轴的两圆柱面之间	半径差等于公差值 t、与基准轴线同轴的两圆柱面所限定的区域 *a*—公共基准*A-B*
	轴向全跳动：提取（实际）表面应限定在间距等于 0.1mm、垂直于基准轴线 D 的两平行平面之间	间距等于公差值 t、垂直于基准轴线的两平行平面所限定的区域 *a*— 基准*D* *b*— 提取表面

4.3.6　辅助平面和要素

为了更清楚地标识被测要素和公差带，国家标准规定了四种辅助平面和要素。

4.3.6.1　相交平面

由工件的提取要素建立的平面，用于标识提取面上的线要素或标识提取线上的点要素，例如在平面上线要素的直线度、线轮廓度、要素的线素的方向，以及在面要素上的线要素的"全周"规范。相交平面应使用相交平面框格规定，并且作为公差框格的延伸部分标注在其右侧，如图4-18所示。

图 4-18　相交平面框格

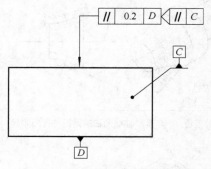

图 4-19　使用相交平面框格的规范

可用符号定义相交平面相对于基准的构建方式，并将其放置在相交平面框格的第一格。这些符号的意思分别为平行、垂直、倾斜（保持特定角度）、对称（包含）。标识基准并构建相交平面的字母应放置在相交平面框格的第二格。

当被测要素是组成要素上的线要素时，应标注相交平面，以免产生误解，除非被测要素是圆柱、圆锥或球的素线的直线度或圆度。图4-19中，相交平面框格表明被测要素是面要素上与基准 C 平行的所有线要素。

4.3.6.2　定向平面

由工件的提取要素建立的平面，用于标识公差带的方向。被测要素是中心线或中心点，且公差带的宽度由两平行平面限定时，应标注定向平面。定向平面既能控制公差带构成平面的方向，又能控制公差带宽度的方向，需要定义矩形局部区域时也可以标注定向平面。定向平面应使用定向平面框格规定，并且作为公差框格的延伸部分标注在其右侧，如图4-20所示。

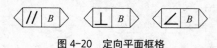

图 4-20　定向平面框格

图 4-21 是相对于基准体系的中心线平行度，标注如图(a)或图(b)所示，表示提取(实际)中心线应限定在两对间距分别等于公差值 0.1mm 和 0.2mm 且平行于基准轴线 A 的平行平面之间。一个定向平面框格规定了 0.2 的公差带的限定平面垂直于定向平面 B，另一个定向平面框格规定了 0.1 的公差带的限定平面平行于定向平面 B。

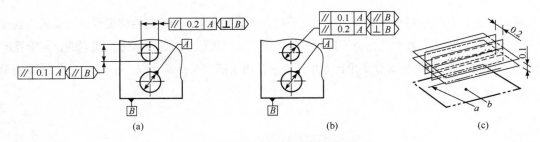

图 4-21　使用定向平面框格的规范
a—基准 A; b—基准 B

4.3.6.3　方向要素

由工件的提取要素建立的理想要素，用于标识公差带宽度（局部偏差）的方向。当被测要素是组成要素且公差带宽度的方向与面要素不垂直时，应使用方向要素确定公差带宽度的方向。另外，应使用方向要素标注非圆柱体或球体的回转体表面圆度的公差带宽度方向。使用方向要素框格时，应作为公差框格的延伸部分标注在其右侧，如图 4-22 所示。可使用跳动符号表示公差带宽度的方向与跳动相同，如垂直于被测要素的面要素。

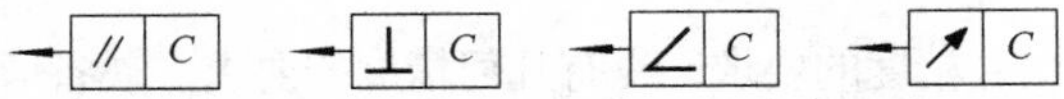

$$\boxed{//\ C} \quad \boxed{\perp\ C} \quad \boxed{\angle\ C} \quad \boxed{\nearrow\ C}$$

图 4-22　方向要素框格

表 4-2 中圆锥表面的圆度公差带标注了垂直于基准的方向要素框格，如果标注为跳动于，如图 4-23（a）所示，则提取圆周线应限定在距离等于 0.1mm 的两个圆之间，这两个圆位于相交圆锥上。公差带为在给定截面内，沿表面距离为 t 的两个在圆锥面上的圆所限定的区域，如图 4-23（b）所示。

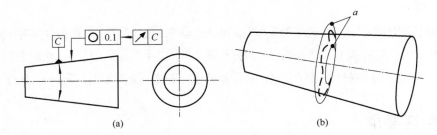

图 4-23　使用方向要素框格的规范
a—垂直于基准 C 的圆（被测要素的轴线），在圆锥表面上且垂直于被测要素的表面

4.3.6.4　组合平面

由工件上的要素建立的平面，用于定义封闭的组合连续要素。当标注"全周"符号时，应使用组合平面。组合平面可标识一个平行平面族，可用来标识"全周"标注所包含的要素。使用组合平面框格时，应作为公差框格的延伸部分标注在其右侧，如图 4-24 所示。

图 4-24　组合平面框格

组合平面可标识一组单一要素，与平行于组合平面的任意平面相交为线要素或点要素。全周符号与 SZ 组合使用，表示几何特征作为单独的要求应用到所标注的要素上，要素的公差带互不相关。图 4-25(a)中的面轮廓度要求作为单独要求适用于四个面要素 a、b、c 与 d，不包括面要素 e 与 f，如图 4-25(b)所示。

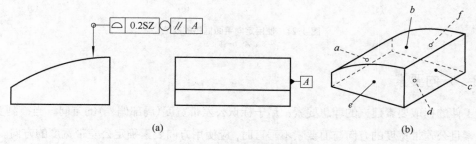

(a)   (b)

图 4-25   使用组合平面框格的规范

4.4   独立原则和特殊要求

通常来说，零件既有尺寸精度的要求，也有几何精度的要求。缺省情况下，它们相互独立，也有一些特殊情况，如包容要求、最大实体要求(MMR)、最小实体要求(LMR)和可逆要求(RPR)。

4.4.1   独立原则

缺省情况下，每个要素的 GPS 规范或要素间关系的 GPS 规范与其他规范之间均相互独立，这就是独立原则。

大多数机械零件的几何精度遵循独立原则，尺寸公差控制尺寸误差，几何公差控制几何误差，图样上无需任何附加标注。如印刷机滚筒，几何公差要求严、尺寸公差要求松，二者之间没有关系，分别控制，相互独立。本书前面大部分插图的标注都是独立原则，读者可以自行分析，此处不再赘述。

4.4.2   包容要求

包容要求意味着最小实体尺寸控制两点尺寸，即提取组成线性尺寸要素上的两相对点间的距离，同时最大实体尺寸控制最小外接尺寸或最大内切尺寸。用于外尺寸要素的包容要求是下极限尺寸控制两点尺寸，同时上极限尺寸控制最小外接尺寸。用于内尺寸要素的包容要求是上极限尺寸控制两点尺寸，同时下极限尺寸控制最大内切尺寸。

采用包容要求的尺寸要素应在其尺寸极限偏差或公差带代号之后加注符号Ⓔ，如图 4-26 所示。对于图中的轴，最小外接尺寸不得大于

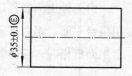

图 4-26   包容要求

ϕ35.1mm，同时两点尺寸不得小于 ϕ34.9mm。对于 ϕ35mm$\pm$0.1mm 的孔，最大内切尺寸不得小于 ϕ34.9mm，同时两点尺寸不得大于 ϕ35.1mm。

4.4.3　最大实体要求和最小实体要求

最大实体要求(MMR)和最小实体要求(LMR)可用于一组由一个或多个作为被测要素，与/或基准组成的尺寸要素。这些要求可规定尺寸要素的尺寸及其导出要素几何要求(形状、方向或位置)之间的组合要求。当使用了最大实体要求(MMR)或最小实体要求(LMR)时，尺寸规范和几何规范即转变为一个共同的要求规范。这个共同规范仅关注组成要素，即和尺寸要素的面要素有关。

4.4.3.1　术语和定义

第 3 章介绍过最大实体状态(MMC)和最大实体尺寸(MMS)以及最小实体状态(LMC)和最小实体尺寸(LMS)，接下来介绍另外几个术语。

(1)最大实体实效状态和最大实体实效尺寸

最大实体实效尺寸(MMVS)：尺寸要素的最大实体尺寸和其导出要素的几何公差(形状、方向或位置)共同作用产生的尺寸。对于外尺寸要素，MMVS = MMS + 几何公差；对于内尺寸要素，MMVS = MMS − 几何公差。

最大实体实效状态(MMVC)：拟合要素的尺寸为其最大实体实效尺寸(MMVS)时的状态。

例如一个圆柱形轴，上极限尺寸为 20mm，中心线的直线度公差为 0.1mm，其最大实体实效尺寸为 20.1mm，最大实体实效状态是拟合要素的尺寸为 20.1mm 时的状态。

(2)最小实体实效状态和最小实体实效尺寸

最小实体实效尺寸(LMVS)：尺寸要素的最小实体尺寸和其导出要素的几何公差(形状、方向或位置)共同作用产生的尺寸。对于外尺寸要素，LMVS = LMS − 几何公差；对于内尺寸要素，LMVS = LMS + 几何公差。

最小实体实效状态(LMVC)：拟合要素的尺寸为其最小实体实效尺寸(LMVS)时的状态。

例如一个圆柱形孔，上极限尺寸为 20mm，中心线的直线度公差为 0.1mm，其最小实体实效尺寸为 20.1mm，最小实体实效状态是拟合要素的尺寸为 20.1mm 时的状态。

4.4.3.2　最大实体要求

最大实体要求用 Ⓜ 表示，可分为两种情况，应用于被测要素或关联基准要素。

(1)最大实体要求应用于被测要素　符号 Ⓜ 标注在导出要素的几何公差值后(占同一格)，如图 4-27(a)所示。此时对尺寸要素面要素规定了以下规则。

① 规则 A　被测要素的提取局部尺寸要求：

a. 对于外尺寸要素，等于或小于最大实体尺寸(MMS)；

b. 对于内尺寸要素，等于或大于最大实体尺寸(MMS)。

② 规则 B　被测要素的提取局部尺寸要求：

a. 对于外尺寸要素，等于或大于最小实体尺寸(LMS)；

b. 对于内尺寸要素，等于或小于最小实体尺寸(LMS)。

③ 规则 C　被测要素的提取组成要素不得违反其最大实体实效状态(MMVC)。

④ 规则 D　当几何规范是相对于(第一)基准或基准体系的方向或位置要求时，被测要素的最大实体实效状态(MMVC)应相对于基准或基准体系处于理论正确方向或位置。另外，当几个被测要素用同一公差标注时，除了相对于基准可能的约束以外，其最大实体实效状态(MMVC)相互之间应处于理论正确方向或位置。

(2) 最大实体要求应用于关联基准要素　符号 Ⓜ 标注在基准字母之后，如图 4-27(a)所示。此时对尺寸要素面要素规定了以下规则。

① 规则 E　基准要素的提取组成要素不得违反关联基准要素的最大实体实效状态(MMVC)。

② 规则 F　当关联基准要素没有标注几何规范，或者注有几何规范但其后没有符号 Ⓜ，或者没有标注符合规则 G 的几何规范时，关联基准要素的最大实体实效状态(MMVC)尺寸为最大实体尺寸(MMS)。

③ 规则 G　当基准要素由有下列属性的几何规范所控制时，关联基准要素的最大实体实效状态(MMVC)尺寸为最大实体尺寸(MMS)(对于外尺寸要素)加上或(对于内尺寸要素)减去几何公差。

其公差值后面有符号 Ⓜ 且：这是形状规范而且关联基准属于公差框格中的第一基准，同时在基准字母后面标有 Ⓜ 符号；这是方向/位置规范，其基准或基准体系所包含的基准及其顺序和公差框格中的前一个关联基准完全一致，且在基准字母后面标有 Ⓜ 符号。

在规则 G 的情况下，基准要素方格应和控制基准要素的最大实体实效状态(MMVC)几何公差框格直接相连。

"最大实体要求应用于被测要素"改变的是几何公差带的大小，只要尺寸要素偏离最大实体尺寸，公差带就会增大，如图 4-27(b)和(c)所示。"最大实体要求应用于关联基准要素"改变的是几何公差带的位置，只要基准要素偏离最大实体尺寸，公差带就可以移动，移动范围由偏离量决定，如图 4-27(b)和(d)所示。两种最大实体要求经常一起使用，使得公差带增大的同时，位置也可以移动，从而令装配变得更容易，如图 4-27(e)所示。

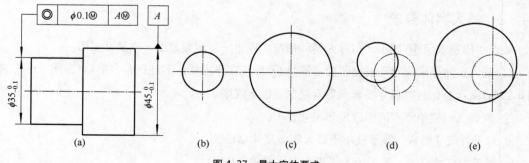

图 4-27　最大实体要求

4.4.3.3　最小实体要求

最小实体要求和最大实体要求非常相似，它用 Ⓛ 表示，也分为两种情况，应用于被测要素或关联基准要素。

(1) 最小实体要求应用于被测要素　符号 Ⓛ 标注在导出要素的几何公差值后(占同一格)，如图 4-28(a)所示。此时对尺寸要素面要素规定了以下规则。

① 规则 H　被测要素的提取局部尺寸要求:

a. 对于外尺寸要素，等于或大于最小实体尺寸(LMS);

b. 对于内尺寸要素，等于或小于最小实体尺寸(LMS)。

② 规则 I　被测要素的提取局部尺寸要求:

a. 对于外尺寸要素，等于或小于最大实体尺寸(MMS);

b. 对于内尺寸要素，等于或大于最大实体尺寸(MMS)。

③ 规则 J　被测要素的提取组成要素不得违反其最小实体实效状态(LMVC)。

④ 规则 K　当几何规范是相对于(第一)基准或基准体系的方向或位置要求时，被测要素的最小实体实效状态(LMVC)应相对于基准或基准体系处于理论正确方向或位置。另外，当几个被测要素用同一公差标注时，除了相对于基准可能的约束以外，其最小实体实效状态(LMVC)相互之间应处于理论正确方向或位置。

(2) 最小实体要求应用于关联基准要素　符号 Ⓛ 标注在基准字母之后，如图 4-28(b)所示。此时对尺寸要素面要素规定了以下规则。

① 规则 L　基准要素的提取组成要素不得违反关联基准要素的最小实体实效状态(LMVC)。

② 规则 M　当关联基准要素没有标注几何规范，或者注有几何规范但其后没有符号 Ⓛ，或者没有标注符合规则 N 的几何规范时，关联基准要素的最小实体实效状态(LMVC)尺寸为最小实体尺寸(LMS)。

③ 规则 N　当基准要素由有下列属性的几何规范所控制时，关联基准要素的最小实体实效状态(LMVC)尺寸为最小实体尺寸(LMS)(对于外尺寸要素)减去或(对于内尺寸要素)加上几何公差。

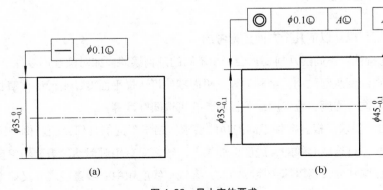

图 4-28　最小实体要求

其公差值后面有符号 Ⓛ 且：这是形状规范而且关联基准属于公差框格中的第一基准，同时在基准字母后面标有 Ⓛ 符号；这是方向/位置规范，其基准或基准体系所包含的基准及其顺序和公差框格中的前一个关联基准完全一致，且在基准字母后面标有 Ⓛ 符号。

在规则 N 的情况下，基准要素方格应和控制基准要素的最小实体实效状态(LMVC)几何公差框格直接相连。

最小实体要求应用并不广泛，了解即可。

4.4.4　可逆要求

可逆要求(RPR)是最大实体要求(MMR)或最小实体要求(LMR)的附加要求，不能单独使用，在图样上用符号 Ⓡ 标注在 Ⓜ 或 Ⓛ 之后，如图 4-29 所示。可逆要求仅用于被测要素，使最大实体要求的规则 A 或最小实体要求的规则 H 无效。

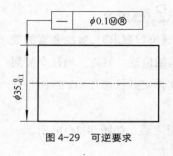

图 4-29　可逆要求

在制造可能性的基础上，可逆要求(RPR)允许尺寸和几何公差之间的相互补偿。也就是说，没有可逆要求时，只允许尺寸公差补偿几何公差，有了可逆要求，意味着几何公差也可以用于补偿尺寸公差。其最大实体实效状态或最小实体实效状态的尺寸不变，只是充分利用了这个尺寸。

可逆要求的应用也不广泛，了解即可。

4.5　几何公差的选择

几何公差对零件的装配和使用性能有很大影响，进行精度设计时，应合理地选择几何特征、公差值、基准和特殊要求。

4.5.1　几何特征的选择

选择几何特征可以从以下几个方面进行考虑。

(1)零件几何特性　不同的几何要素会产生不同的几何误差，如对圆柱形零件，可选择圆度、圆柱度、中心线直线度及圆跳动、全跳动等；平面零件可选择平面度、平行度；窄长平面可选直线度；槽类零件可选对称度、位置度；阶梯轴、孔可选同轴度等。

(2)零件的功能要求　根据零件不同的功能要求，给出不同的几何公差。例如圆柱形零件，仅需要顺利装配时，可选中心线的直线度；如果孔、轴之间有相对运动，需要均匀接触，或为保证密封性，应标注圆柱度公差以综合控制圆度、素线直线度和中心线直线度。又如为保证机床工作台或刀架的运动精度，可对导轨提出直线度要求；为使端盖上各螺栓孔能顺利装配，应规定孔组的位置度公差等。

(3) 检测的方便性　确定几何特征时，要考虑到检测的方便性与经济性。例如对轴类零件，可用径向全跳动综合控制圆柱度、同轴度，用轴向全跳动代替端面对轴线的垂直度。因为跳动误差的检测非常方便，又能较好地控制相应的几何误差。

在满足功能要求的前提下，应尽量减少标注项目，以获得较好的经济效益。

4.5.2　几何公差值的选择

国家标准将几何公差值划分为不同的等级，直线度、平面度、平行度、垂直度、倾斜度、同轴度、对称度、圆跳动、全跳动划分为 12 级，即 1～12 级，1 级精度最高，12 级精度最低；圆度、圆柱度划分为 13 级，最高级为 0 级，见表 4-6～表 4-9。

对于位置度，国家标准没有规定公差等级，而是规定了公差值数系，如表 4-10 所示。

表 4-6　直线度和平面度公差值　　　　　　　　　　　　　　　　　μm

主参数 L/mm	公差等级											
	1	2	3	4	5	6	7	8	9	10	11	12
	公差值											
≤10	0.2	0.4	0.8	1.2	2	3	5	8	12	20	30	60
>10～16	0.25	0.5	1	1.5	2.5	4	6	10	15	25	40	80
>16～25	0.3	0.6	1.2	2	3	5	8	12	20	30	50	100
>25～40	0.4	0.8	1.5	2.5	4	6	10	15	25	40	60	120
>40～63	0.5	1	2	3	5	8	12	20	30	50	80	150
>63～100	0.6	1.2	2.5	4	6	10	15	25	40	60	100	200
>100～160	0.8	1.5	3	5	8	12	20	30	50	80	120	250
>160～250	1	2	4	6	10	15	25	40	60	100	150	300
>250～400	1.2	2.5	5	8	12	20	30	50	80	120	200	400
>400～630	1.5	3	6	10	15	25	40	60	100	150	250	500

注：主参数 L 为轴、直线、平面的长度。

表 4-7　圆度和圆柱度公差值　　　　　　　　　　　　　　　　　μm

主参数 d(D)/mm	公差等级												
	0	1	2	3	4	5	6	7	8	9	10	11	12
	公差值												
≤3	0.1	0.2	0.3	0.5	0.8	1.2	2	3	4	6	10	14	25
>3～6	0.1	0.2	0.4	0.6	1	1.5	2.5	4	5	8	12	18	30

续表

主参数 $d(D)$/mm	公差等级											
	0	1	2	3	4	5	6	7	8	9	10	11	12
	公差值												
>6~10	0.12	0.25	0.4	0.6	1	1.5	2.5	4	6	9	15	22	36
>10~18	0.15	0.25	0.5	0.8	1.2	2	3	5	8	11	15	27	43
>18~30	0.2	0.3	0.6	1	1.5	2.5	4	6	9	13	21	33	52
>30~50	0.25	0.4	0.6	1	1.5	2.5	4	7	11	16	25	39	62
>50~80	0.3	0.5	0.8	1.2	2	3	5	8	13	19	30	46	74
>80~120	0.4	0.6	1	1.5	2.5	4	6	10	15	22	35	54	87
>120~180	0.6	1	1.2	2	3.5	5	8	12	18	25	40	63	100
>180~250	0.8	1.2	2	3	4.5	7	10	14	20	29	46	72	115
>250~315	1	1.6	2.5	4	6	8	12	16	23	32	52	81	130
>315~400	1.2	2	3	5	7	9	13	18	25	36	57	89	140
>400~500	1.5	2.5	4	6	8	10	15	20	27	40	63	97	155

注:主参数 $d(D)$ 为轴(孔)的直径。

表 4-8 平行度、垂直度和倾斜度公差值 μm

主参数 L、$d(D)$/mm	公差等级											
	1	2	3	4	5	6	7	8	9	10	11	12
	公差值											
≤10	0.4	0.8	1.5	3	5	8	12	20	30	50	80	120
>10~16	0.5	1	2	4	6	10	15	25	40	60	100	150
>16~25	0.6	1.2	2.5	5	8	12	20	30	50	80	120	200
>25~40	0.8	1.5	3	6	10	15	25	40	60	100	150	250
>40~63	1	2	4	8	12	20	30	50	80	120	200	300
>63~100	1.2	2.5	5	10	15	25	40	60	100	150	250	400
>100~160	1.5	3	6	12	20	30	50	80	120	200	300	500
>160~250	2	4	8	15	25	40	60	100	150	250	400	600
>250~400	2.5	5	10	20	30	50	80	120	200	300	500	800
>400~630	3	6	12	25	40	60	100	150	250	400	600	1000

注:1. 主参数 L 为给定平行度时轴线或平面的长度,或给定垂直度、倾斜度时被测要素的长度;

2. 主参数 $d(D)$ 为给定面对线垂直度时,被测要素轴(孔)的直径。

表 4-9　同轴度、对称度、圆跳动和全跳动公差值　　　　　　　　　　μm

主参数 L、B、d(D)/mm	公差等级											
	1	2	3	4	5	6	7	8	9	10	11	12
	公差值											
≤1	0.4	0.6	1	1.5	2.5	4	6	10	15	25	40	60
>1~3	0.4	0.6	1	1.5	2.5	4	6	10	20	40	60	120
>3~6	0.5	0.8	1.2	2	3	5	8	12	25	50	80	150
>6~10	0.6	1	1.5	2.5	4	6	10	15	30	60	100	200
>10~18	0.8	1.2	2	3	5	8	12	20	40	80	120	250
>18~30	1	1.5	2.5	4	6	10	15	25	50	100	150	300
>30~50	1.2	2	3	5	8	12	20	30	60	120	200	400
>50~120	1.5	2.5	4	6	10	15	25	40	80	150	250	500
>120~250	2	3	5	8	12	20	30	50	100	200	300	600
>250~500	2.5	4	6	10	15	25	40	60	120	250	400	800

注：主参数 L、B、d(D) 为中心距、被测要素的宽度、被测要素轴(孔)的直径。

表 4-10　位置度公差值数系

1	1.2	1.5	2	2.5	3	4	5	6	8
1×10^n	1.2×10^n	1.5×10^n	2×10^n	2.5×10^n	3×10^n	4×10^n	5×10^n	6×10^n	8×10^n

注：n 为正整数。

线、面轮廓度及同心度没有规定公差等级。

几何公差值的选择原则是：在满足零件功能要求的前提下，考虑工艺经济性和检测条件，选择最经济的公差值。通常根据零件功能要求、结构、刚性和加工经济性等条件，采用类比法确定。表 4-11～表 4-14 列出了各种几何公差等级的应用举例，供选择时参考。

表 4-11　直线度、平面度公差等级应用举例

公差等级	应用举例
1，2	精密量具、测量仪器以及精度要求很高的精密机械零件，如 0 级样板平尺、0 级宽平尺、工具显微镜等精密测量仪器的导轨面
3	1 级宽平尺工作面、1 级样板平尺的工作面，测量仪器的圆弧导轨，测量仪器的测杆外圆柱面
4	0 级平板，测量仪器的 V 形导轨，高精度平面磨床的 V 形导轨和滚动导轨，轴承磨床及平面磨床的床身导轨
5	1 级平板，2 级宽平尺，平面磨床的纵导轨、垂直导轨、工作台，液压龙门刨床的导轨
6	普通机床的导轨面，卧式镗床、铣床的工作台，机床主轴箱的导轨，柴油机机体结合面
7	2 级平板，机床的床头箱体，滚齿机床身导轨，摇臂钻底座工作台，液压泵盖结合面，减速器壳体结合面，0.02 游标卡尺尺身的直线度
8	自动车床底面，柴油机汽缸体，连杆分离面，缸盖结合面，汽车发动机缸盖，曲轴箱结合面，法兰连接面
9	3 级平板，自动车床床身底面，摩托车曲轴箱体，汽车变速箱壳体，车床挂轮的平面

表 4-12 圆度、圆柱度公差等级应用举例

公差等级	应用举例	
0, 1	高精度量仪主轴，高精度机床主轴，滚动轴承的滚珠和滚柱	
2	精密测量仪主轴、外套、套阀，纺锭轴承，精密机床主轴轴颈，针阀圆柱表面，喷油泵柱塞及柱塞套	
3	高精度外圆磨床轴承，磨床砂轮主轴套筒，喷油嘴针、阀体，高精度轴承内外圈等	
4	较精密机床主轴、主轴箱孔，高压阀门、活塞、活塞销、阀体孔，高压油泵柱塞，较高精度滚动轴承配合轴，铣削动力头箱体孔	
5	一般计量仪器主轴，测杆外圆柱面，一般机床主轴轴颈及轴承孔，柴油机、汽油机的活塞、活塞销，与 P6 级滚动轴承配合的轴颈	
6	一般机床主轴及前轴承孔，泵、压缩机的活塞、汽缸，汽油发动机凸轮轴，纺机锭子，减速传动轴轴颈，拖拉机曲轴主轴颈，与 P6 级滚动轴承配合的轴承座孔	
7	大功率低速柴油机曲轴轴颈、活塞、活塞销、连杆、汽缸，高速柴油机箱体轴承孔，千斤顶或压力油缸活塞，机车传动轴，水泵及通用减速器转轴轴颈	
8	低速发动机、大功率曲柄轴轴颈，内燃机曲轴轴颈，柴油机凸轮轴承孔	
9	空气压缩机缸体，通用机械杠杆与拉杆用套筒销子，拖拉机活塞环、套筒孔	

表 4-13 平行度、垂直度、倾斜度、轴向圆跳动公差等级应用举例

公差等级	应用举例	
1	高精度机床、测量仪器、量具等的主要工作面和基准面	
2, 3	精密机床、测量仪器、量具、夹具的工作面和基准面，精密机床的导轨，精密机床主轴轴向定位面，滚动轴承座圈端面，普通机床的主要导轨，精密刀具、量具的工作面和基准面，光学分度头芯轴端面	
4, 5	普通机床导轨，重要支承面，机床主轴孔对基准的平行度，精密机床重要零件，计量仪器、量具、模具的工作面和基准面，床头箱体重要孔，通用减速器轴承座孔，齿轮泵的油孔端面，发动机轴和离合器的凸缘，汽缸支承端面，安装精密滚动轴承的轴承座孔的凸肩	
6, 7, 8	一般机床的工作面和基准面，压力机和锻锤的工作面，中等精度钻模的工作面，机床一般轴承孔对基准的平行度，变速器箱体孔，主轴花键对定心直径部位表面轴线的平行度，一般导轨、主轴箱体孔、刀架、砂轮架、汽缸配合面对基准轴线，活塞销孔对活塞中心线的垂直度，滚动轴承内、外圈端面对轴线的垂直度	
9, 10	低精度零件，重型器型滚动轴承端盖，柴油机、曲轴颈、花键轴和轴肩端面，带式运输机法兰盘等端面对轴线的垂直度，减速器壳体平面	

表 4-14 同轴度、对称度、径向跳动公差等级应用举例

公差等级	应用举例	
1, 2	旋转精度要求很高、尺寸公差高于 1 级的零件，如精密测量仪器的主轴和顶尖，柴油机喷油嘴针阀	
3, 4	机床主轴轴颈，砂轮轴轴颈，汽轮机主轴，测量仪器的小齿轮轴，安装高精度齿轮的轴颈	
5	机床主轴轴颈，机床主轴箱孔，计量仪器的测杆，涡轮机主轴，柱塞油泵转子，高精度滚动轴承外圈，一般精度轴承内圈	
6, 7	内燃机曲轴，凸轮轴轴颈，柴油机机体主轴承孔，水泵轴，油泵柱塞，汽车后桥输出轴，安装一般精度齿轮的轴颈，涡轮盘，普通滚动轴承内圈，印刷机传墨轮的轴颈，键槽	
8, 9	内燃机凸轮轴轴孔，水泵叶轮，离心泵体，汽缸套外径配合面，运输机机械滚筒表面，棉花精梳机前、后滚子，自行车中轴	

选择几何公差等级时还需要注意以下几点：

(1)对同一被测要素同时给出形状、方向和位置公差时，形状公差＜方向公差＜位置公差。

(2)圆柱形零件的形状公差(除中心线的直线度)应小于尺寸公差，平行度公差应小于相应的距离公差。

(3)在满足零件功能要求的前提下，对于下列情况应适当降低1～2级精度：①细长的轴或孔；②距离较大的轴或孔；③宽度大于二分之一长度的零件表面；④线对线和线对面相对于面对面的平行度；⑤线对线和线对面相对于面对面的垂直度。

(4)有关标准已做出规定的按照相应标准确定，如与滚动轴承相配合的轴和孔的圆柱度公差、机床导轨的直线度公差等。

(5)注意协调形状公差与表面粗糙度之间的关系。通常情况下，表面粗糙度 Ra 的数值占形状误差值的 20%～25%。

和尺寸公差的一般公差一样，几何公差也有未注公差值，由工厂的一般制造精度保证，不需要标注和检测。直线度、平面度、垂直度、对称度、圆跳动的未注公差值分为 H、K、L 三个等级，精度依次降低，应在标题栏附近或在技术要求、技术文件(如企业标准)中注出标准号及公差等级代号 "GB/T 1184—X"。

4.5.3　基准的选择

基准是确定关联要素间方向和位置的依据。选择基准时，需要选择基准部位、基准数量和基准顺序，一般从以下几方面考虑。

(1)根据零件各要素的功能要求，一般以主要配合表面(如轴颈、轴承孔、安装定位面、重要的支承面等)作为基准。例如轴类零件，常以两个轴承为支承运转，其运动轴线是安装轴承的两段轴颈的共有轴线，因此选择这两处轴颈的公共轴线为基准。

(2)根据装配关系应选零件上相互配合、相互接触的定位要素作为各自的基准。如盘、套类零件，一般以其内孔轴线径向定位装配或以其端面轴向定位，因此根据需要可选其轴线或端面作为基准。

(3)根据加工定位的需要和零件结构，应选择较宽大的平面、较长的轴线作为基准，以使定位稳定。对结构复杂的零件，一般应选三个基准面，根据对零件使用要求影响的程度，确定基准的顺序。

(4)根据检测的方便程度，应选择在检测中装夹定位的要素为基准，并尽可能将装配基准、工艺基准与检测基准统一起来。

4.5.4　特殊要求的选择

独立原则、包容要求和实体要求主要根据被测要素的功能要求、零件尺寸大小和检测是否方便来选择，应充分利用给出的尺寸公差带，还应考虑用被测要素的几何公差补偿其尺寸公差的可能性。例如，孔或轴采用包容要求时，它的尺寸公差带得到了充分利用，经济效益较高。但另一方面，包容要求的形状公差完全取决于实际尺寸偏离最大实体尺寸的数值。如果实际尺寸处处皆为最大实体尺寸或者趋近于最大实体尺寸，那么，它必须具有理想形状或者接近理想形状才合格，而实际上极难加工出这样精确的形状。又如中小零件应用包容要求可以用量规检测，但是大型零件难以使用笨重的量规，可以考虑用独立原则。

表 4-15 对独立原则和特殊要求的应用场合进行了总结，可供参考。

表 4-15　独立原则和特殊要求的应用场合

公差原则	应用场合
独立原则	尺寸精度与几何精度需要分别满足要求，如齿轮箱体孔、连杆活塞销孔、滚动轴承内外圈滚道
	尺寸精度与几何精度要求相差较大，如滚筒类零件、平板、通油孔、导轨、汽缸
	尺寸精度与几何精度之间没有联系，如滚子链条的套筒或滚子内、外圆柱面的轴线与尺寸精度，发动机连杆上尺寸精度与孔轴线间的位置精度
	未注尺寸公差或未注几何公差，如退刀槽、倒角、圆角
包容要求	用于单一要素，保证配合性质
最大实体要求	用于中心要素，保证零件的可装配性，如轴承盖上用于穿过螺钉的通孔，法兰盘上用于穿过螺栓的通孔，同轴度的基准轴线
最小实体要求	保证零件强度和最小壁厚

4.5.5　几何公差的选用和标注实例

图 4-30 为减速器的输出轴，两轴颈 $\phi55$ j6 与 P0 级滚动轴承内圈相配合，为保证配合性质，采

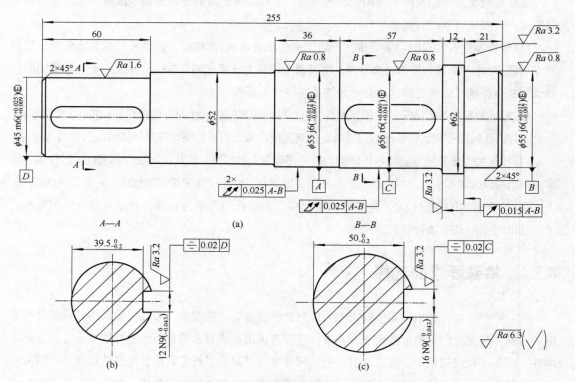

图 4-30　减速器输出轴几何公差标注示例

用了包容要求。为保证旋转精度和安装精度，又提出了全跳动要求。ϕ62 的两处轴肩有定位作用，必须垂直于基准轴线，为检测方便，提出了轴向圆跳动要求。ϕ56 r6 和ϕ45 m6 分别与齿轮和带轮配合，为保证配合性质，也采用了包容要求。同时，为保证齿轮的正确啮合，还对ϕ56 r6 提出了全跳动要求。为保证键槽的强度，提出了对称度要求。

4.6　几何误差的判定

4.6.1　形状误差及其判定

形状误差是被测要素的提取要素对其理想要素的变动量。理想要素的形状由理论正确尺寸或/和参数化方程定义，理想要素的位置由对被测要素的提取要素进行拟合得到。拟合的方法有最小区域法 C（切比雪夫法）、最小二乘法 G、最小外接法 N 和最大内切法 X 等。

如无专门规定，缺省为最小区域法。最小区域法是指采用切比雪夫法对被测要素的提取要素进行拟合得到理想要素位置的方法，即令被测要素的提取要素相对于理想要素的最大距离为最小。采用该理想要素包容被测要素的提取要素时，具有最小宽度 f 或直径 d 的包容区域称为最小包容区域（简称最小区域）。首先它必须包容，把被测提取要素中所有的点都包容进去，不能把任何点留在外面；其次它必须最小，有最小的宽度或直径。

4.6.2　方向误差及其判定

方向误差是被测要素的提取要素对具有确定方向的理想要素的变动量。理想要素的方向由基准（和理论正确尺寸）确定。

方向误差值用定向最小包容区域（简称定向最小区域）的宽度或直径表示。定向最小区域是指用由基准和理论正确尺寸确定方向的理想要素包容被测要素的提取要素时，具有最小宽度 f 或直径 d 的包容区域。

4.6.3　位置误差及其判定

位置误差是被测要素的提取要素对具有确定位置的理想要素的变动量。理想要素的位置由基准和理论正确尺寸确定。

位置误差值用定位最小包容区域（简称定位最小区域）的宽度或直径表示。定位最小区域是指用由基准和理论正确尺寸确定位置的理想要素包容被测要素的提取要素时，具有最小宽度 f 或直径 d 的包容区域。

各误差项目的最小区域或定向最小区域、定位最小区域的形状分别与各自的公差带形状一致，但宽度或直径由被测提取要素本身决定，这个值就是几何误差。当误差在公差范围内，即误差值小于等于公差值时，判定被测件合格，否则不合格。

4.7　几何误差的检测

国家标准对几何误差的检测原则以及各误差项目的检测方案做了详细规定，限于篇幅，本节只介绍几何误差的检测原则以及直线度误差、平面度误差的基本检测方法和数据处理方法。涉及的通用符号的说明见表 4-16。

表 4-16　几何误差检测的通用符号(摘自 GB/T 1958—2017)

符号	说明	符号	说明
	平板、平台(或测量平面)		连续转动(不超过一周)
	固定支承		间断转动(不超过一周)
	可调支承		旋转
	连续直线移动		指示计
	间断直线移动		带有测量表具的测量架(测量架的符号，根据测量设备的用途可画成其他式样)
	沿几个方向直线移动		

4.7.1　几何误差检测的原则和标准条件

4.7.1.1　几何误差的检测方法

几何误差的检测方法很多，究其原理可归纳为 5 种原则。

(1) 与拟合要素比较原则　将被测提取要素与其拟合要素相比较，量值由直接法或间接法获得，拟合要素用模拟方法获得，如图 4-31 所示。可以用具有足够几何精度的实物(如刀口尺的刃口)或自准直仪的光束、水平仪的水平线、圆度仪的运动轨迹等来模拟拟合要素，该原则应用最为广泛。

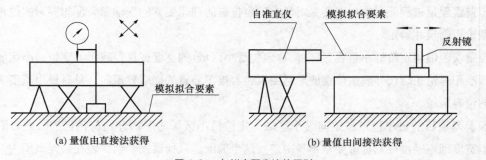

(a) 量值由直接法获得　　　　　(b) 量值由间接法获得

图 4-31　与拟合要素比较原则

(2)测量坐标值原则　测量被测提取要素的坐标值(如直角坐标值、极坐标值、圆柱面坐标值),并经过数据处理获得几何误差值,如图 4-32 所示。可使用三坐标测量机、工具显微镜等。

(3)测量特征参数原则　测量被测提取要素上具有代表性的参数(即特征参数)来表示几何误差值,如两点法测量圆度误差,通过测量横截面上的局部尺寸,以其最大差值的一半作为圆度误差,见图 4-33。该原则往往可以简化测量过程和设备,但是得到的结果比较粗略。

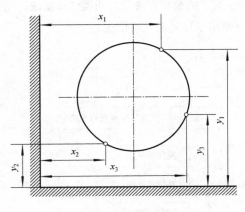

图 4-32　测量坐标值原则

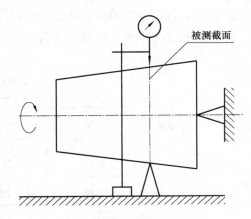

图 4-33　测量特征参数原则

(4)测量跳动原则　被测提取要素绕基准轴线回转过程中,沿计值方向测量其对某参考点或线的变动量,如图 4-34 所示。变动量是指示计的最大与最小示值之差。测量跳动除可直接按定义检测圆跳动和全跳动外,在某些情况下还可以得到圆度误差、圆柱度误差、垂直度误差。

(5)控制实效尺寸原则　检验被测提取要素是否超过实效尺寸,以判断合格与否,如功能量规。如图 4-35 所示,若功能量规能“通过”被测要素,则表示与被测导出要素相对应的组成要素未超过实效尺寸。

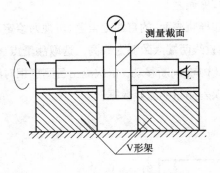

图 4-34　测量跳动原则

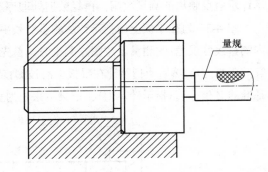

图 4-35　控制实效尺寸原则

4.7.1.2　几何误差检测与验证时缺省的检测条件

(1)标准温度为 20℃。

(2)标准测量力为 0N。

检测条件应在检测与验证规范中规定。实际操作中,所有偏离规定条件并可能影响测量结果的因素均应在测量不确定度评估时考虑。

4.7.2　直线度误差的检测与评定

4.7.2.1　直线度误差的检测方法

按照测量原理、测量器具及测量基准等可将直线度误差的检测方法分为四类：直接法、间接法、组合法和量规检验法，如图 4-36 所示。以下仅介绍指示计法和水平仪法。

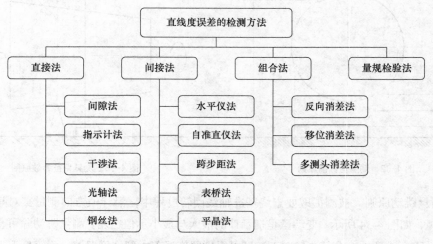

图 4-36　直线度误差的检测方法

（1）指示计法　指示计法是通过使指示计在测量基准上沿被测提取直线移动（或指示计固定，被测工件在测量基准上移动），以平板上的素线或精密导轨体现测量基线，按选定的布点提取由指示计示值反映出的测量数据，再经数据处理评定出直线度误差。

图 4-37 为在平板上用指示计法测量窄长平面（例如导轨表面）的直线度误差（可视为给定平面内的直线度误差）的测量示意图。测量时，首先将被测直线两端大致调为等高，选取测量点（一般等间距布点）；然后使指示计在平板上沿被测直线方向（X 向）间断移动，依次测出各测点相对测量基准的 Z 坐标值（指示计示值），记录下来作为直线度误差测量的原始数据。

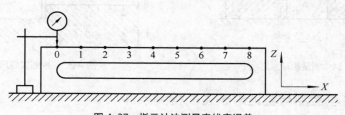

图 4-37　指示计法测量直线度误差

（2）水平仪法　水平仪法以水平面作为测量基准，用水平仪以等距、首尾衔接的方式依次测出两点连线的倾角，再通过数据处理评定出直线度误差。

图 4-38 为用水平仪法测量直线度误差的测量示意图。测量时，首先将被测直线两端大致调为等高，并将水平仪（分度值为 i）固定在桥板上（跨距为 L），按跨距布点；然后沿被测直线依次首尾衔接地将桥板跨在相邻的两个测点上，从水平仪上读出这两点连线倾角所对应的示值（为"+"时表示后点比前点高，为"–"时表示后点比前点低），记录下来作为直线度误差测量的原始数据。

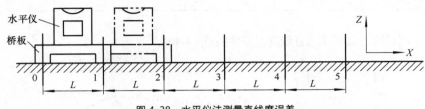

图 4-38　水平仪法测量直线度误差

使用水平仪时，应将其分度值转换成测点的高度差值。若水平仪的分度值为 i（mm/m）、桥板的跨距为 L（mm），则水平仪每个格值所对应的高度差为 $iL/1000$（mm）。例如，某水平仪的分度值 $i = 0.02$mm/m，桥板跨距 $L = 200$mm，则水平仪每个格值所对应的高度差为 $0.02 \times 200 / 1000 = 0.004$(mm)。

4.7.2.2　直线度误差的评定

通过测量获得直线度误差的原始数据后，需要按照一定的方法确定直线度误差值。按照基准直线的确定方法，可以用最小包容区域法、两端点连线法、最小二乘法等。以下只介绍评定给定平面内的直线度误差的最小包容区域法。

首先根据测量原始数据（或转换后的数据）按适当比例画出反映被测直线的直线度误差曲线，然后用一对平行直线去接触并包容该曲线，如图 4-39 所示。若各接触点符合两种情形之一，则这对平行直线所限定的区域就是直线度误差的最小包容区域（简称最小区域），最小包容区域沿 z 向的宽度就是直线度误差值。

① 一个最低点在两个最高点之间，见图 4-39(a)；

② 一个最高点在两个最低点之间，见图 4-39(b)。

上述两个条件称为判别直线度误差最小包容区域的"相间准则"。以下通过例题说明具体评定方法。

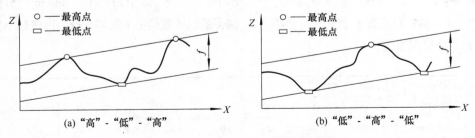

图 4-39　直线度误差最小包容区域的判别

【**例 4-1**】　用指示计法测量某导轨的直线度误差，共测 9 点，测量的原始数据见下表，试按最小包容区域法确定直线度误差值。

测点序号 i	0	1	2	3	4	5	6	7	8
指示计示值 Z_i/μm	0	+4	+6	−2	−4	0	+4	+8	+6

　　解： 根据测量原始数据画出直线度误差曲线(图 4-40)。

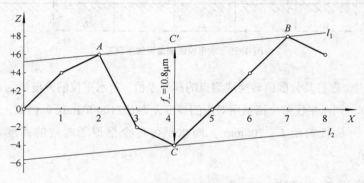

图 4-40　例 4-1 的直线度误差曲线

　　根据直线度误差曲线的形态及各测点的 Z 值，找出确定最小包容区域的一对平行直线。如图 4-40 所示，平行直线 l_1 和 l_2 包容误差曲线并与其相接触，三个接触点 A、C、B 符合相间准则中的 "高"-"低"-"高" 分布，因此由 l_1 和 l_2 限定的区域就是最小包容区域。

　　直线度误差值为最小包容区域的宽度，可以根据两包容线上对应点的 Z 值计算得到，例如根据第 4 点(两包容线上对应点分别为 C、C')的 Z 值计算。由于

$$Z_C = Z_4 = -4(\mu m)$$

$$Z_{C'} = Z_2 + \frac{Z_7 - Z_2}{7 - 2}(4 - 2) = +6.8(\mu m)$$

因此直线度误差值

$$f_- = |Z_{C'} - Z_C| = 10.8(\mu m)$$

【**例 4-2**】　用水平仪法测量直线度误差，所用水平仪的分度值为 $i = 0.02mm/m$，桥板跨距 $L = 200mm$。测量时共测 8 个跨距(9 个测点)，测得的原始数据见下表第 2 行。试按最小包容区域法确定直线度误差值。

测点序号 i	0	1	2	3	4	5	6	7	8
水平仪读数/格	—	+6	+6	0	−1.5	−1.5	+3	+3	+9
相对高度差/μm	0	+24	+24	0	−6	−6	+12	+12	+36
高度差累计值/μm	0	+24	+48	+48	+42	+36	+48	+60	+96

解： 处理水平仪法的测量数据时，主要应注意以下两个问题。

(1)由于水平仪的直接读数对应于其倾斜的角度，因此应将其转换成后一测点对前一测点的相对高度差。水平仪每个格值所对应的相对高度差取决于其分度值 i 和桥板跨距 L，其值为 $iL/1000$。本例中，$iL/1000 = 0.004\text{mm} = 4\mu\text{m}$，即水平仪每格读数对应着 $4\mu\text{m}$ 的相对高度差。表中第 3 行为转换后的相对高度差。

(2)统一高度基准，获取相对于同一点的绝对高度。例如，以第 0 点为零高度，则其后各点的高度依次应为各跨距相对高度差的累计值(表中第 4 行)。

随后的处理方法与例 4-1 相同，请读者自行分析。图 4-41 为本例的直线度误差曲线，直线度误差值为 $f_- = 36\mu\text{m}$。

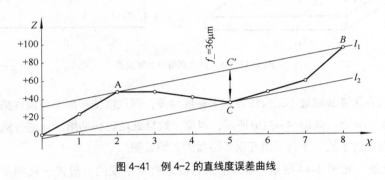

图 4-41　例 4-2 的直线度误差曲线

4.7.3　平面度误差的检测与评定

4.7.3.1　平面度误差的检测方法

按照测量原理、测量器具及测量基准等，平面度误差的检测方法分为直接法、间接法和组合法三大类，如图 4-42 所示。以下仅介绍指示计法和水平仪法。

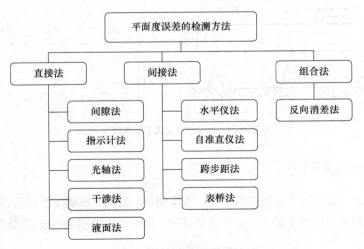

图 4-42　平面度误差的检测方法

（1）指示计法　如图 4-43（a）所示，将被测工件用支承置于平板或计量器具的工作台上，用平板或计量器具的工作台模拟测量基准。通过支承调整被测表面（若按三远点平面法评定平面度误差，则应使平面上相距最远的三点等高；若按对角线平面法评定平面度误差，则应分别使两对角线的端点等高），然后在平板或计量器具工作台上移动指示计，指示计的最大读数与最小读数之差即为按三远点平面法或对角线平面法评定出来的平面度误差值。

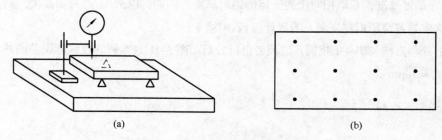

图 4-43　指示计法测量平面度误差

若按最小包容区域法或最小二乘法评定平面度误差，则只需使被测面与模拟测量基准大致平行即可，但应事先布点，如图 4-43（b）所示，以便于数据处理。移动指示计到各测点处，记录下指示计在各测点处的示值，作为平面度误差测量的原始数据。

（2）水平仪法　如图 4-44 所示，该方法是将固定有水平仪的桥板置于被测平面上，然后按照一定的布点形式首尾衔接地移动桥板，测出相邻两点连线对测量基准面的倾角，进而得到两点的相对高度差以及各点对某一参考点（通常为测量起始点）的绝对高度（参见水平仪法测量直线度误差部分）。根据被测面的形状、尺寸不同，布点形式也有许多种，详情请参阅有关文献。

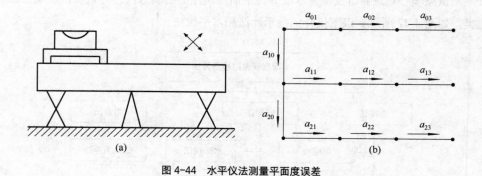

图 4-44　水平仪法测量平面度误差

4.7.3.2　平面度误差的评定

通过测量获得平面度误差的原始数据后，需要按照一定的方法确定平面度误差值。平面度误差的评定方法主要有三远点平面法、对角线平面法、最小二乘法和最小包容区域法。以下只介绍最小包容区域法。

用一对平行平面去接触并包容被测面，若各接触点符合图 4-45 中的情形之一，则这对平行平面所限定的区域就是平面度误差的最小包容区域，最小包容区域沿高度方向的宽度就是平面度误差值。

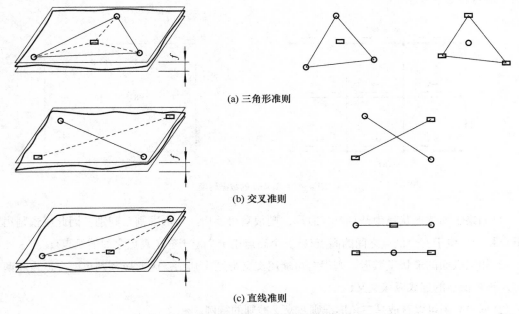

(a) 三角形准则

(b) 交叉准则

(c) 直线准则

图 4-45　平面度误差最小包容区域的判别
○—最高点；□—最低点

(1) 一个最低点位于三个最高点所构成的三角形之内或一个最高点位于三个最低点所构成的三角形之内——三角形准则，见图 4-45(a)；

(2) 两个最高点的连线与两个最低点的连线交叉——交叉准则，见图 4-45(b)；

(3) 一个最低点位于两个最高点之间或一个最高点位于两个最低点之间——直线准则，见图 4-45(c)。

与直线度误差的数据处理相似，若是用水平仪法测量平面度误差，需要进行水平仪格值的转换和高度基准的统一。此外，按最小包容区域法评定平面度误差时还需对数据进行旋转变换。下面通过例题说明上述数据处理方法。

【例 4-3】　用水平仪法按图 4-46 的布点形式测量平面度误差，水平仪读数的格值如图所示。所用水平仪的分度值为 $i = 0.02\text{mm/m}$，桥板跨距 $L = 200\text{mm}$。试按最小包容区域法确定平面度误差值。

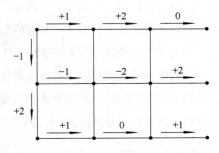

图 4-46　例 4-3 的布点形式与测量读数

解：　首先将水平仪的读数转换为相对高度差。本例中水平仪每个格值对应的相对高度差为

$iL / 1000 = 0.004\text{mm} = 4\mu\text{m}$，转换后的相对高度差如图 4-47(a) 所示（单位为 μm）。

以测量起始点（左上角的点）为零高度统一高度基准，计算出各点的绝对高度。对某测点之前的相对高度差进行累计，得到的就是该测点的绝对高度，如图 4-47(b) 所示。

由于从图 4-47(b)的数据中无法直接看出被测表面的最小包容区域适用于哪种判别准则，也无法判断哪些点是极点，因此应根据数据的具体大小、变化趋势以及测点的位置等进行预判。预判时一般可做如下考虑。

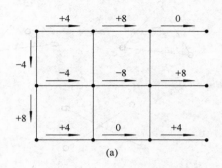 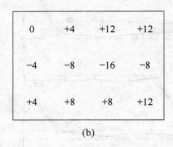

图 4-47 例 4-3 的数据转换

（1）如果表面的形状呈中凸（或中凹）形，则很有可能用三角形准则来判别，因此应预判出三个低点和一个位于三个低点之间的高点（或三个高点和一个位于三个高点之间的低点）；

（2）如果表面的形状呈鞍形，则很有可能用交叉准则来判别，因此应预判出两个低点和两个高点，高、低点的连线应该交叉；

（3）直线准则可以看成是三角形准则及交叉准则的特例。

如果某个测点的高度明显比其周围的点高，则该点很有可能是最高点；如果某个测点的高度明显比其周围的点低，则该点很有可能是最低点。

若经后续数据处理后证明预判的结果不正确，则须重新判断、选择，直到选择正确为止。

从本例的数据图 4-47(b)中可以看出，该表面的类型似为中凹形，故应找出三个最高点和一个最低点，选择结果见图 4-48(a)。

最高点：第 1 行第 3 列、第 3 行第 2 列、第 3 行第 4 列对应的三个测点。

最低点：第 2 行第 3 列对应的测点。

为了判断所选极点的正确性，同时也为了计算平面度误差值，一般还需要对数据进行旋转变换，以使各最高点等高、各最低点等高。旋转变换的原理见图 4-48(b)：把被测面视为刚体，使其绕 Y、X 轴旋转（这种旋转不会改变被测面的形状及形状误差值）。若一个跨距所对应的绕 Y、X 轴的旋转变化量分别为 p、q，则各测点高度的变化量如图 4-48(b)所示。

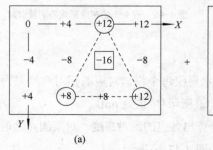 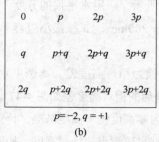 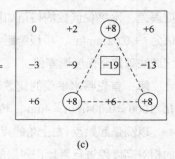

图 4-48 例 4-3 的数据处理

p、q 的大小应使旋转变换后的各最高点等高、各最低点等高，本例中应使

$$\begin{cases} +12+2p=+8+p+2q \\ +12+2p=+12+3p+2q \end{cases}$$

联立求解方程得 $p=-2$、$q=+1$。将各测点的总旋转变化量叠加在图 4-48(a) 的数据上，结果如图 4-48(c) 所示。从图中可以看出，最小包容区域的判别准则以及各极点的选择是正确的，极点的分布符合三角形准则，三个等高的最高点决定了最小包容区域的上平面，下平面由最低点决定。对于图 4-48(c) 中的数据来说，上、下包容平面都处于水平，因此平面度误差值（两包容平面之间的距离）为

$$f_{。}=\left|(+8)-(-19)\right|=27(\mu m)$$

🧠 思考题与习题

一、选择题

1. 对于径向全跳动公差，下列论述正确的有_____。

A. 属于形状公差

B. 属于位置公差

C. 属于跳动公差

D. 与同轴度公差带形状相同

E. 当径向全跳动误差不超差时，圆柱度误差肯定也不超差

2. 对于轴 $\phi 10_{-0.015}^{0}$ Ⓔ，有_____。

A. 当实际尺寸为 $\phi 10mm$ 时，中心线直线度的允许误差最大可达 $\phi 0.015mm$

B. 当实际尺寸为 $\phi 9.985mm$ 时，中心线直线度的允许误差最大可达 $\phi 0.015mm$

C. 实际尺寸应大于等于最小实体尺寸

D. 实际尺寸应大于等于最大实体尺寸

3. 圆柱度公差可以同时控制_____。

A. 圆度   B. 素线直线度

C. 径向全跳动   D. 同轴度

E. 中心线对端面的垂直度

4. 几何公差带形状是距离为公差值 t 的两平行平面内区域的有_____。

A. 平面度   B. 中心线直线度

C. 相对于基准面的中心线平行度   D. 相对于基准直线的平面垂直度

5. 若某平面的平面度误差为 f，则该平面对基准面的平行度误差_____ f。

A. 大于   B. 小于   C. 等于   D. 无关

二、简答题

1. 国标规定了哪些几何特征？符号是什么？分为几类？

2. 几何公差带的四要素是什么？形状公差、方向公差、位置公差的公差带有什么特点？

3. 几何公差带有哪些主要形状?

4. 什么是最小包容区域?

5. 比较下列几组几何公差的异同:

(1)圆度和径向圆跳动;

(2)圆柱度和径向全跳动;

(3)轴向全跳动和端面对轴线的垂直度;

(4)相对于基准面的平面平行度和相对于基准面的中心面对称度。

6. 什么是独立原则、包容要求和最大实体要求? 分别用于什么场合?

7. 几何公差值的选择原则是什么? 应考虑哪些情况?

三、综合题

1. 说明图 4-49 中几何公差的含义。

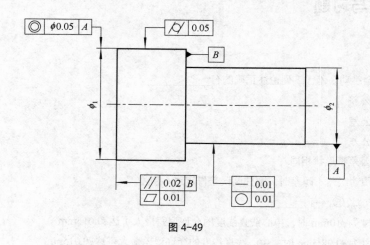

图 4-49

2. 改正图 4-50 中几何公差标注的错误(不改变几何特征)。

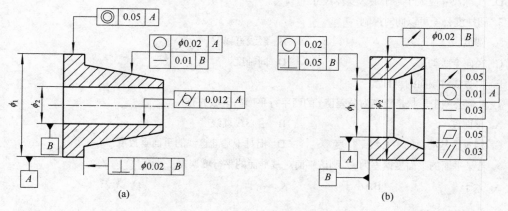

图 4-50

3. 按图 4-51 的标注填表 4-17。

表 4-17

序号	特殊要求	MMS	LMS	MMC 几何公差	LMC 几何公差	D_a 范围
(a)						
(b)						
(c)						
(d)						

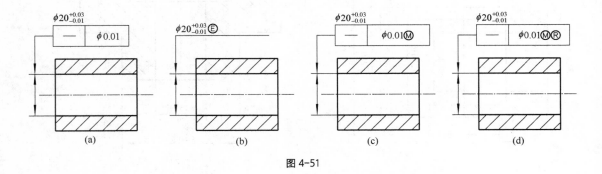

图 4-51

4. 若零件的同轴度要求如图 4-52 所示，提取中心线与基准轴线的距离为 +0.04～−0.01mm，求该零件的同轴度误差值，并判断是否合格。

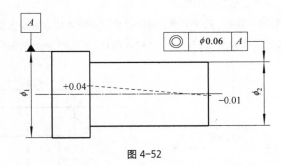

图 4-52

5. 将下列几何公差要求标注在图 4-53 上。

(1) ϕ160 f6 外圆表面对 ϕ85 K7 轴线的径向全跳动公差为 0.03mm；

(2) ϕ150 f6 外圆表面对 ϕ85 K7 轴线的径向圆跳动公差为 0.02mm；

(3) 左端面的平面度公差为 0.02mm，对 ϕ150 f6 外圆轴线的垂直度公差为 0.03mm；

(4) 右端面对 ϕ160 f6 外圆轴线的轴向全跳动公差为 0.03mm；

(5) ϕ125 H6 内孔中心线对 ϕ85 K7 轴线的同轴度公差为 ϕ0.05mm；

(6) 6×ϕ21 内孔中心线对 ϕ160 f6 外圆轴线、理论正确尺寸为 ϕ210mm 的位置度公差为 ϕ0.125mm，并且被测要素和关联基准要素均采用最大实体要求。

6. 将下列几何公差要求标注在图 4-54 上。

(1) ϕ30 H7 内孔表面圆度公差为 0.006mm；

(2) ϕ15 H7 内孔表面圆柱度公差为 0.008mm；

（3）$\phi30$ H7 内孔中心线对 $\phi15$ H7 内孔轴线的同轴度公差为 $\phi0.05$mm，并且被测要素采用最大实体要求；

（4）$\phi30$ H7 孔底端面对 $\phi15$ H7 内孔轴线的轴向圆跳动公差为 0.05mm；

（5）$\phi35$ h6 采用包容要求；

（6）圆锥面的圆度公差为 0.01mm，对 $\phi15$ H7 内孔轴线的斜向圆跳动公差为 0.05mm。

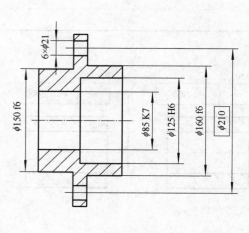

图 4-53

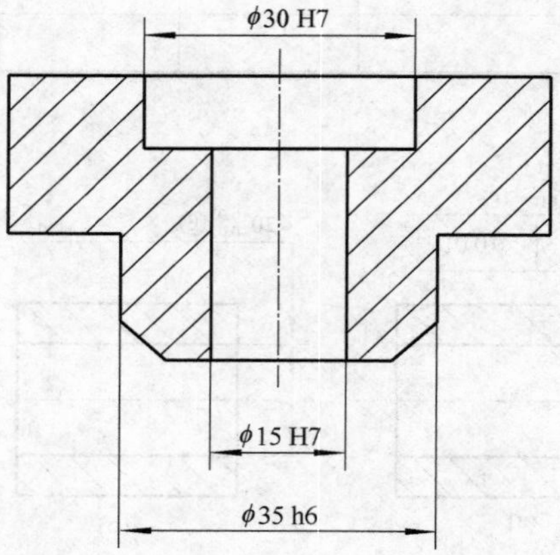

图 4-54

7. 如图 4-55 所示，如果测得 $\phi20_{-0.05}^{0}$ 圆柱面的直径为 $\phi19.97$mm，其轴线对基准面 A 的垂直度误差为 $\phi0.04$mm，试判断其垂直度是否合格并说明理由。

8. 看图 4-56 指出被测要素、基准、基准要素、实体要求以及被测要素的最大实体尺寸、最小实体尺寸、最大实体实效尺寸，求出实际尺寸分别为 $\phi30$mm、$\phi30.02$mm、$\phi30.052$mm 时的同轴度公差值。

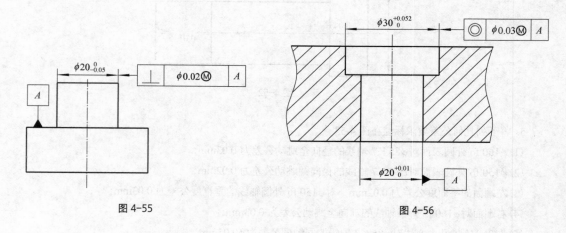

图 4-55

图 4-56

第 5 章
表面结构

【学习目标和要求】

1. 了解表面粗糙度对机械零件使用性能的影响。
2. 掌握表面粗糙度主要的评定参数。
3. 掌握表面粗糙度的标注方法。
4. 初步掌握表面粗糙度的选用方法。
5. 了解表面粗糙度的测量方法。

表面结构是零件三大精度之一，对零件的使用性能有很大的影响，是精度设计必须考虑的问题，所以本章是本教材中重要的基础内容。

5.1　概述

为了保证零件的装配和使用，必须根据功能需要对零件的表面结构提出要求。表面结构是表面粗糙度、表面波纹度、表面缺陷、表面纹理和表面几何形状的总称。

评定表面结构的参数有三类，即原始轮廓上计算所得的 P 参数、粗糙度轮廓上计算所得的 R 参数和波纹度轮廓上计算所得的 W 参数。原始轮廓是通过 λs 轮廓滤波器后的总的轮廓，粗糙度轮廓对原始轮廓采用 λc 轮廓滤波器抑制长波成分，波纹度轮廓对原始轮廓连续应用 λf 和 λc 两个轮廓滤波器，如图 5-1 所示。最常用的是表面粗糙度参数，也是本章的主要内容。

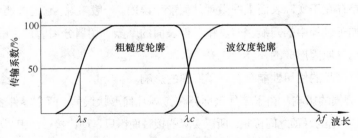

图 5-1　粗糙度和波纹度轮廓的传输特性

相关的国家标准如下：

GB/T 131—2006《产品几何技术规范(GPS)　技术产品文件中表面结构的表示法》；

GB/T 1031—2009《产品几何技术规范(GPS)　表面结构　轮廓法　表面粗糙度参数及其数值》；

GB/T 3505—2009《产品几何技术规范(GPS)　表面结构　轮廓法　术语、定义及表面结构参数》；

GB/T 10610—2009《产品几何技术规范(GPS) 表面结构 轮廓法 评定表面结构的规则和方法》。

机械零件的表面经过加工后，都会存在几何形状误差。几何形状误差分为宏观几何形状误差（形状误差）、微观几何形状误差（表面粗糙度）和介于两者之间的表面波纹度三类。三者之间并没有严格的界限，通常是按照波距的大小来划分。波距大于 2.5mm 的属于形状误差，波距在 0.5～2.5mm 之间的属于表面波纹度，波距小于 0.5mm 的属于微观几何形状误差，即表面粗糙度，如图 5-2 所示。

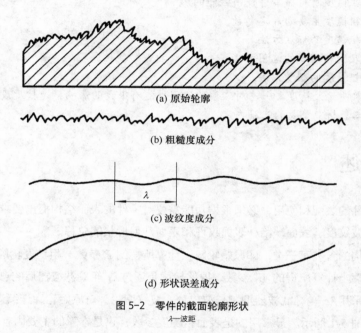

(a) 原始轮廓

(b) 粗糙度成分

(c) 波纹度成分

(d) 形状误差成分

图 5-2 零件的截面轮廓形状

λ—波距

表面粗糙度是存在于实际表面上的微观几何形状误差。一般来说，它的波距和波高都比较小，主要是由于切削加工过程中的刀痕、刀具和工件表面的摩擦、切屑分离时产生的塑性变形以及工艺系统的高频振动等原因形成的。

表面粗糙度对产品的使用性能有着许多方面的影响。

(1) 对摩擦、磨损的影响 由于零件表面存在微观几何形状误差，两个零件表面接触时，只能在两个表面的若干凸出的峰顶之间接触，所以实际的接触面积只是理论接触面积很小的一部分。若两个表面越粗糙，则摩擦阻力越大，磨损也就越快，零件的耐磨性越差。但是，表面极光滑时，会不利于润滑油的储存，并且两表面之间的分子吸附力增大，会使两表面间的接触力增强，反而也增加摩擦和磨损，同时精细的表面生产成本增高。因此，有相对运动的接触面，应规定合理的表面粗糙度。

(2) 对疲劳强度的影响 承受运动载荷的零件大多是由于表面产生疲劳裂纹而造成失效的，疲劳裂纹主要是由于表面的微观波纹的波谷所造成的应力集中引起的。表面越粗糙，应力集中现象越严重，零件的疲劳强度越低。表面粗糙度对零件疲劳强度的影响与零件的材料有关，钢制零件影响较大，铸铁件因其组织松散而影响较小，有色金属零件影响更小。

（3）对耐腐蚀性的影响　金属零件的腐蚀主要由化学和电化学反应导致。表面越粗糙，腐蚀介质越容易存积在零件表面上的微观凹谷处，通过其向金属内层渗透，造成零件表面的锈蚀。

（4）对配合性能的影响　对于有配合要求的表面，表面粗糙度会影响配合性质的稳定性。对于间隙配合，配合的孔、轴做相对运动时，由于表面凹凸不平，接触面的凸峰会很快被磨损，使配合间隙增大，引起配合性质的改变。对于过盈配合，在装配压入的过程中，由于表面凹凸不平，零件表面的峰顶被压平，减少了实际有效的过盈量，降低了配合的连接强度。

（5）对密封性的影响　表面粗糙时，两表面只在峰顶处接触，其余部位存在间隙，造成液体或气体的渗漏。两表面之间有密封件时，由于表面的粗糙不平，密封材料无法完全填满微观轮廓谷而造成泄漏，粗糙的表面还会加剧密封件的损坏。

此外，表面粗糙度还对零件的外观、测量精度、表面光学性能、导电导热性等有着不同程度的影响。为了提高产品质量和寿命，应选取合理的表面粗糙度。因此，在保证零件尺寸公差、几何公差的同时，还要对表面粗糙度进行控制。

5.2　表面粗糙度的评定

在测量和评定表面粗糙度时要明确以下基本术语和评定参数。

5.2.1　基本术语

关于表面粗糙度的一些基本术语如图 5-3 所示。

（1）轮廓峰　被评定轮廓上连接轮廓与 X 轴两相邻交点的向外（从材料到周围介质）的轮廓部分。

（2）轮廓谷　被评定轮廓上连接轮廓与 X 轴两相邻交点的向内（从周围介质到材料）的轮廓部分。

（3）轮廓单元　轮廓峰和相邻轮廓谷的组合。

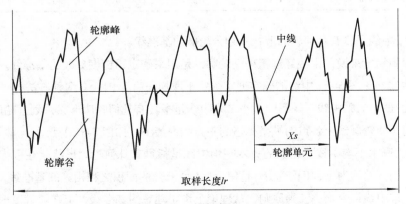

图 5-3　轮廓峰、轮廓谷、轮廓单元、中线

（4）取样长度 *lr*　取样长度是在 *X* 轴方向判别被评定轮廓不规则特征的长度，即在测量表面粗糙度时所取的一段与轮廓总的走向一致的长度。规定和选择取样长度的目的是限制或削弱测量、评定表面粗糙度时波纹度以及形状误差的影响。表面越粗糙，取样长度应越大。取样长度范围内至少包含五个轮廓峰和轮廓谷，如图 5-4(a) 所示。

（5）评定长度 *ln*　评定长度也是评定表面粗糙度时所必需的一段长度。

由于零件的表面粗糙度不一定很均匀，为了合理、客观地反映表面质量，评定长度包含一个或几个取样长度。国家标准中规定，评定长度默认包含 5 个取样长度，即 $ln = 5lr$，如图 5-4(b)所示；如果加工表面比较均匀，可取 $ln < 5lr$，如取 3 个取样长度，甚至是 1 个；如果加工表面均匀性差，则取 $ln > 5lr$，如取 6 个取样长度，或者更多。取样长度和评定长度的数值应从国家标准规定的系列值中选取，见表 5-1。

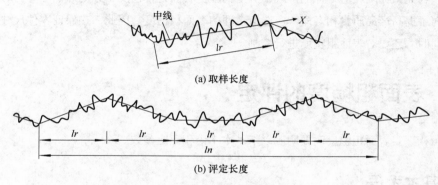

(a) 取样长度

(b) 评定长度

图 5-4　取样长度和评定长度

表 5-1　取样长度与评定长度(摘自 GB/T 1031—2009)

表面粗糙度参数的范围	$Ra / \mu m$	≥0.008～0.02	>0.02～0.10	>0.10～2.0	>2.0～10.0	>10.0～80.0
	$Rz / \mu m$	≥0.025～0.10	>0.10～0.50	>0.50～10.0	>10.0～50.0	>50.0～320
取样长度与评定长度	lr / mm	0.08	0.25	0.8	2.5	8.0
	$ln = 5lr / mm$	0.4	1.25	4.0	12.5	40.0

（6）中线　中线是具有几何轮廓形状并划分轮廓的基准线。

对于表面粗糙度来说，中线穿过粗糙度轮廓，是用来确定粗糙度参数的基准线。国标中所称的 *X* 轴即指中线，见图 5-3。中线的确定通常限定于取样长度 *lr* 内，有两种方法：

① 轮廓的最小二乘中线。轮廓的最小二乘中线是指具有几何轮廓形状并划分轮廓的基准线，在取样长度内，使轮廓线上各点的纵坐标值的平方和为最小，如图 5-5(a) 所示。

② 轮廓的算术平均中线。轮廓的算术平均中线是指具有几何轮廓形状，在取样长度内与轮廓走向一致并划分轮廓为上、下两部分，且使上、下两部分的面积之和相等的基准线，如图 5-5(b) 所示。最小二乘中线符合最小二乘原则，从理论上讲是理想的基准线，但在轮廓图形上确定最小二乘中线的位置比较困难，而算术平均中线与最小二乘中线的差别很小，故通常用算术平均中线

来代替最小二乘中线。轮廓的算术平均中线用目测估计来确定，当轮廓很不规则时，算术平均中线不是唯一的中线。

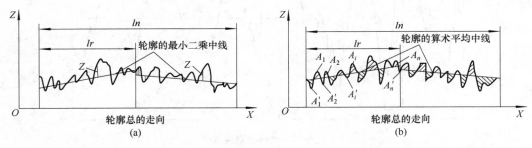

图 5-5 轮廓中线

5.2.2 表面粗糙度的评定参数

为了定量评定表面粗糙度，国标规定了很多评定参数，在此介绍比较重要的 4 个。

(1)评定轮廓的算术平均偏差 Ra 在一个取样长度内，轮廓上各点到基准线之间的距离的算术平均值，即纵坐标值 $Z(x)$ 绝对值的算术平均值，见图 5-6。

$$Ra = \frac{1}{lr} \int_0^{lr} |Z(x)| \mathrm{d}x \tag{5-1}$$

纵坐标 $Z(x)$ 是相对于中线的纵坐标。Ra 反映的是轮廓的平均峰高、谷深。Ra 参数较直观、容易理解，并能充分反映表面微观几何形状高度方面的特性，测量方法比较简单，是采用比较普遍的评定指标。

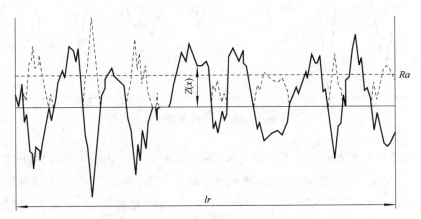

图 5-6 评定轮廓的算术平均偏差 Ra

(2)轮廓最大高度 Rz 在一个取样长度内，最大轮廓峰高 Zp 与最大轮廓谷深 Zv 之和，见图 5-7。

$$Rz = Zp + Zv \tag{5-2}$$

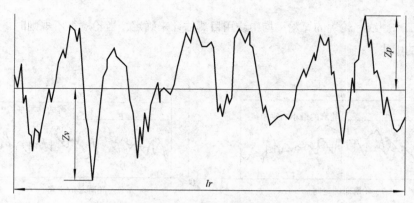

图 5-7 轮廓最大高度 Rz

Ra 和 Rz 都属于幅度参数，但 Rz 不如 Ra 能准确反映几何特征。在常用参数范围内，推荐优先选用 Ra。

（3）轮廓单元的平均宽度 Rsm 在一个取样长度内，轮廓单元宽度 Xs 的平均值，属于间距参数，见图 5-8。

$$Rsm = \frac{1}{m} \sum_{i=1}^{m} Xs_i \tag{5-3}$$

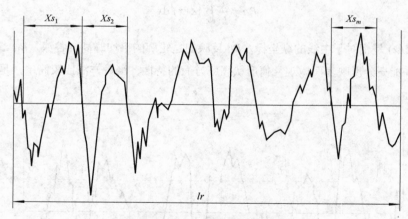

图 5-8 轮廓单元的平均宽度 Rsm

（4）轮廓支承长度率 $Rmr(c)$ 在给定的水平截面高度 c 上，轮廓的实体材料长度 $Ml(c)$ 与评定长度的比率，见图 5-9。图 5-9(b) 为支承长度率曲线，它表示出了不同水平截面高度 c 下的支承长度率 $Rmr(c)$。水平截面高度 c 通常用相对于轮廓最大高度的百分数来表示，给出 $Rmr(c)$ 的允许值时必须同时给出 c。

$$Rmr(c) = \frac{Ml(c)}{ln} \times 100\% \tag{5-4}$$

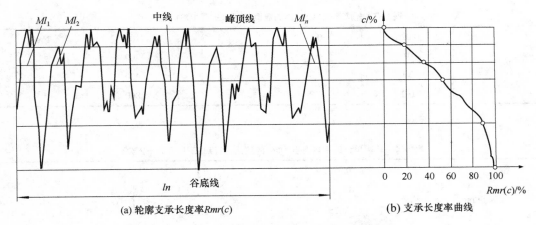

(a) 轮廓支承长度率Rmr(c)　　　　　　　(b) 支承长度率曲线

图 5-9　轮廓支承长度率 Rmr(c) 与支承长度率曲线

式中，实体材料长度 $Ml(c) = \sum_{i=1}^{n} Ml_i$ 。

轮廓支承长度率 Rmr(c) 属于曲线和相关参数，在评定长度上，而不是在取样长度上定义，它反映了表面的耐磨性。在相同的水平截面高度 c 下，Rmr(c) 值越大，表面的耐磨性越好。例如图 5-10(a)表面比图 5-10(b)表面的实体材料长度大，故耐磨性好。

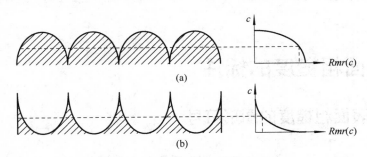

图 5-10　轮廓支承长度率与耐磨性的比较

5.2.3　评定参数数值的规定

国家标准规定了评定表面粗糙度的参数值系列，对于评定轮廓的算术平均偏差 Ra、轮廓最大高度 Rz、轮廓单元的平均宽度 Rsm 和轮廓支承长度率 Rmr(c)，分别见表 5-2～表 5-5。

表 5-2　评定轮廓的算术平均偏差 Ra 的数值(摘自 GB/T 1031—2009)

Ra/μm				
	0.012	0.2	3.2	50
	0.025	0.4	6.3	100
	0.05	0.8	12.5	
	0.1	1.6	25	

表 5-3　轮廓最大高度 Rz 的数值(摘自 GB/T 1031—2009)

$Rz/\mu m$	0.025	0.4	6.3	100	1600
	0.05	0.8	12.5	200	
	0.1	1.6	25	400	
	0.2	3.2	50	800	

表 5-4　轮廓单元的平均宽度 Rsm 的数值(摘自 GB/T 1031—2009)

Rsm/mm	0.006	0.1	1.6
	0.0125	0.2	3.2
	0.025	0.4	6.3
	0.05	0.8	12.5

表 5-5　轮廓支承长度率 $Rmr(c)$ 的数值(摘自 GB/T 1031—2009)

$Rmr(c)/\%$	10	15	20	25	30	40	50	60	70	80	90

注：选用 $Rmr(c)$ 时，应同时给出水平截面高度 c 值。c 值的百分数系列值为 5%、10%、15%、20%、25%、30%、40%、50%、60%、70%、80%、90%。

　　根据表面功能和生产的经济合理性，当表中的系列值不能满足要求时，还可根据国家标准选取补充系列值。

5.3　表面粗糙度的标注

5.3.1　标注表面粗糙度的图形符号

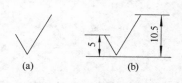

图 5-11　基本图形符号

　　(1)基本图形符号　基本图形符号(简称基本符号)由两条不等长的与标注表面成 60°夹角的直线构成，如图 5-11(a)所示。图中所示符号仅用于简化代号标注，没有补充说明时不能单独使用。对于机械制图的常用字高 3.5mm 来说，符号左侧短斜线高度为 5mm，右侧长斜线高度不小于 10.5mm，如图 5-11(b)所示。对于字高 2.5mm 来说，这两个值分别为 3.5mm 和 7.5mm。

　　(2)扩展图形符号　表示对表面粗糙度有指定要求(去除材料或不去除材料)的图形符号(简称扩展符号)，如图 5-12 所示。

　　(3)完整图形符号　对基本符号或扩展符号扩充后的图形符号(简称完整符号)，用于对表面粗糙度有补充要求的标注，见图 5-13。完整符号是在图 5-11、图 5-12 所示的图形符号的长边上加一横线。在报告和合同的文本中用文字表达图 5-13 的符号时，用 APA 表示图 5-13(a)，MRR 表示图 5-13(b)，NMR 表示图 5-13(c)。

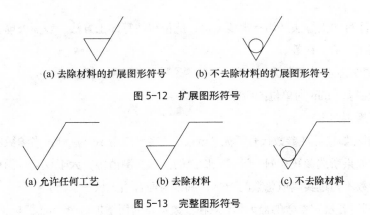

(a) 去除材料的扩展图形符号　(b) 不去除材料的扩展图形符号

图 5-12　扩展图形符号

(a) 允许任何工艺　(b) 去除材料　(c) 不去除材料

图 5-13　完整图形符号

(4) 工件轮廓各表面的图形符号　当在图样某个视图上对构成封闭轮廓的各表面有相同的表面粗糙度要求时，应在完整图形符号上加一圆圈，标注在图样中工件的封闭轮廓线上，见图 5-14。注意不包括前、后表面。如果标注会引起歧义时，各表面应分别标注。

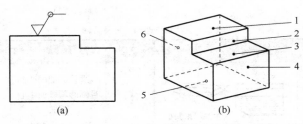

图 5-14　对周边各面有相同表面粗糙度要求的注法

1～6—表面

5.3.2　表面粗糙度完整图形符号的组成

为了明确表面粗糙度要求，除了标注表面粗糙度参数和数值外，必要时应标注补充要求，如传输带、取样长度、加工工艺、表面纹理和方向、加工余量等要求。在完整图形符号中，对表面粗糙度的单一要求和补充要求应标注在图 5-15 所示的指定位置上。

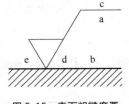

图 5-15　表面粗糙度要求的标注位置

位置 a——注写表面粗糙度的单一要求，该要求是不能省略的，按国标的规定标注表面粗糙度的参数代号、极限值、传输带或取样长度。

如果评定长度内的取样长度个数不等于默认值 5，应在相应参数代号后标注其个数。

单向极限值默认为上限值，标注下限值时，参数代号前应加 L。在完整符号中表示双向极限时应标注极限代号，上限值在上方用 U 表示，下极限在下方用 L 表示。如果同一参数具有双向极限要求，在不引起歧义的情况下，可以不加 U 和 L。

位置 a 和位置 b——分别注写第一个和第二个表面粗糙度要求。若有第三个或更多的表面粗糙度要求，可在位置 b 依次垂直向上注写，符号中的长斜线可酌情延长。

位置 c——注写加工方法。如有需要，可在此位置注写加工方法、表面处理、涂层或其他加工工艺要求，如车、磨、镀等。

位置 d——注写加工纹理和方向。如"="、"⊥"、"M"等，详见表5-6。

位置 e——注写以 mm 为单位的所需加工余量。

极限值判断规则如下：

（1）16%规则 如果标注参数代号后无"max"，表示应用16%规则。当参数的规定值为上限值（下限值）时，如果所选参数在同一评定长度上的全部实测值中，大于（小于）图样或技术产品文件中规定值的个数不超过实测值总数的16%，则该表面合格。

（2）最大规则 若规定参数的最大值，应在参数符号后面增加一个"max"标记，例如 $Rz\,max$。检验时，若参数的规定值为最大值，则在被检表面的全部区域内测得的参数值一个也不应超过图样或技术产品文件中的规定值。

关于表面粗糙度参数的标注、加工方法和相关信息的注法、加工余量的注法，参阅 GB/T 131—2006。

表 5-6 表面纹理的符号及解释

符号	解释及示例		符号	解释及示例	
=	纹理平行于视图所在的投影面	 纹理方向	C	纹理呈近似同心圆且圆心与表面中心相关	
⊥	纹理垂直于视图所在的投影面	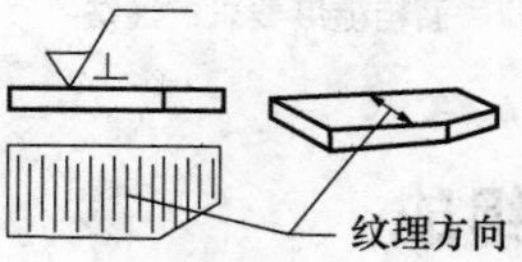 纹理方向	R	纹理呈近似放射状且与表面圆心相关	
×	纹理呈两斜向交叉且与视图所在的投影面相交	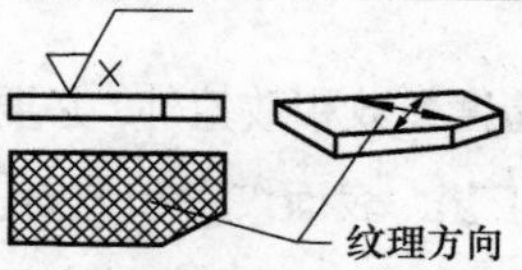 纹理方向	P	纹理呈微粒、凸起、无方向	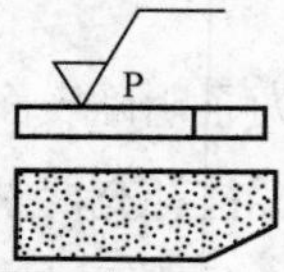
M	纹理呈多方向	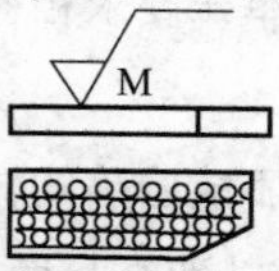			

注：如果表面加工纹理不能清楚地用这些符号表示，必要时可以在图样上加注说明。

5.3.3 表面粗糙度要求在图样上的标注

表面粗糙度要求对每一表面一般只标注一次，并尽可能注在其相应尺寸要求的同一视图上。除非另有说明，所标注的表面粗糙度要求是对完工零件表面的要求。

5.3.3.1　表面粗糙度要求的注写方向

总的原则是使表面粗糙度的注写、读取方向与尺寸的注写、读取方向一致，即头朝上、头朝左，见图 5-16。

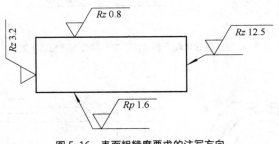

图 5-16　表面粗糙度要求的注写方向

（1）标注在轮廓线或指引线上　表面粗糙度要求可标注在轮廓线上，其符号应从材料外指向并接触表面。必要时，表面粗糙度符号也可以用带箭头或黑点的指引线引出标注，见图 5-17。

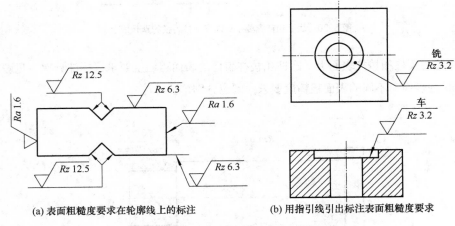

(a) 表面粗糙度要求在轮廓线上的标注　　　　(b) 用指引线引出标注表面粗糙度要求

图 5-17　在轮廓线或指引线上标注表面粗糙度

（2）标注在尺寸线上　在不致引起误解时，表面粗糙度要求可以标注在给定的尺寸线上，见图 5-18。

（3）标注在几何公差的框格上　表面粗糙度要求可以标注在几何公差框格的上方，如图 5-19(a)、(b)所示。

（4）标注在延长线上　表面粗糙度要求可以直接标注在延长线上，或用带箭头的指引线引出标注，见图 5-20。

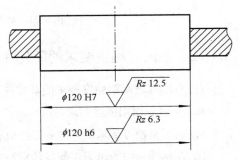

图 5-18　表面粗糙度要求标注在尺寸线上

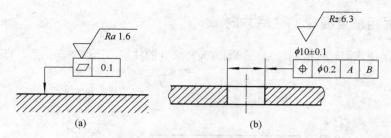

图 5-19   表面粗糙度要求标注在几何公差框格的上方

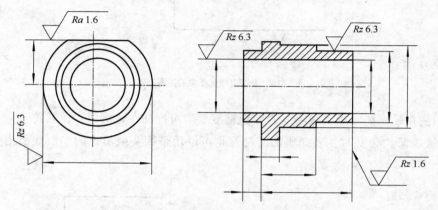

图 5-20   表面粗糙度要求标注在圆柱特征的延长线上

（5）标注在圆柱和棱柱表面上   圆柱和棱柱表面的表面粗糙度要求只标注一次，见图 5-21。如果每个棱柱表面有不同的表面粗糙度要求，则应分别单独标注。

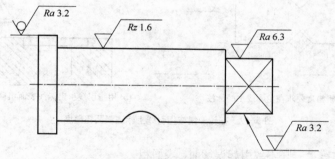

图 5-21   圆柱和棱柱的表面粗糙度要求的注法

5.3.3.2   表面粗糙度要求的简化注法

（1）有相同表面粗糙度要求的简化注法   如果工件的多数（包括全部）表面有相同的表面粗糙度要求，则其表面粗糙度要求可统一标注在图样的标题栏附近。此时（除全部表面有相同要求的情况外），表面粗糙度要求的符号后面还应有：

① 在圆括号内给出无任何其他标注的基本符号（图 5-22）；

② 在圆括号内给出不同的表面粗糙度要求（图 5-23）。

两种方式效果相同，不同的表面粗糙度要求应直接标注在图形中。

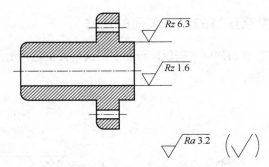

图 5-22　大多数表面有相同表面粗糙度要求的简化注法（一）

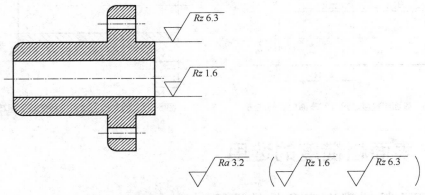

图 5-23　大多数表面有相同表面粗糙度要求的简化注法（二）

　　(2)多个表面有共同要求简化注法　当多个表面具有相同的表面粗糙度要求或图纸空间有限时，可以采用简化注法。

　　① 用带字母的完整符号的简化注法。可用带字母的完整符号，以等式的形式，在图形或标题栏附近，对有相同表面粗糙度要求的表面进行简化标注，见图 5-24。

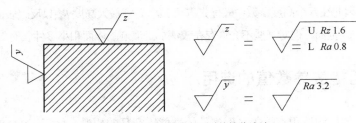

图 5-24　图纸空间有限时的简化注法

　　② 只用表面粗糙度符号的简化注法。可用表面粗糙度的基本符号和扩展符号，以等式的形式给出对多个表面共同的表面粗糙度要求，见图 5-25。

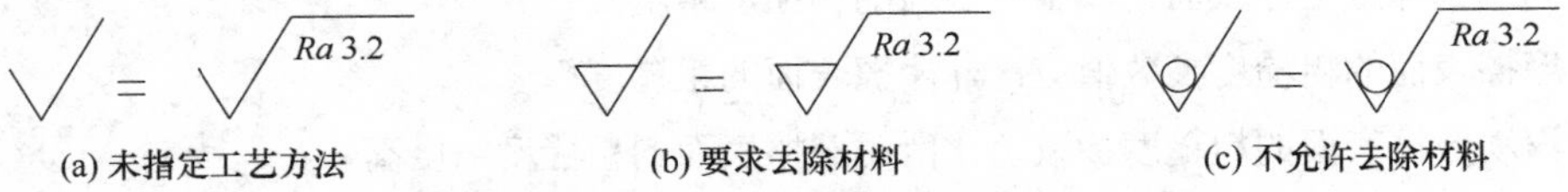

(a) 未指定工艺方法	(b) 要求去除材料	(c) 不允许去除材料

图 5-25　多个表面具有共同的表面粗糙度要求的简化注法

5.3.3.3　两种或多种工艺获得的同一表面的注法

由几种不同的工艺方法获得的同一表面，当需要明确每种工艺方法的表面粗糙度要求时，可按图 5-26、图 5-27 进行标注。

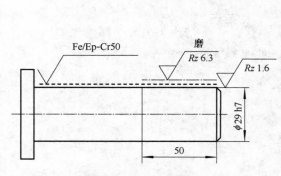

图 5-26　表面粗糙度、尺寸和表面处理的注法

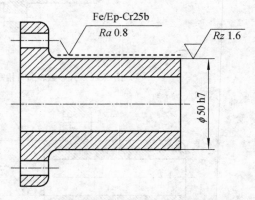

图 5-27　同时给出镀覆前后的表面粗糙度要求

5.4　表面粗糙度的选用

5.4.1　表面粗糙度评定参数的选用

评定参数的选择应考虑零件使用功能的要求、检测的方便性及仪器设备条件等因素。

国家标准规定，轮廓的幅度参数 Ra 或 Rz 是必须标注的参数，其他参数是附加参数。对于一般的零件表面，通常选用幅度参数 Ra 或 Rz 即可满足零件表面的功能要求。评定轮廓的算术平均偏差 Ra 既能反映表面的微观高度特征，又能反映形状特征，且用电动轮廓仪测量表面粗糙度(轮廓法)直接得到的参数就是 Ra，因此在两个高度参数中应优先选用 Ra。轮廓最大高度 Rz 只反映表面的局部特征，评价表面粗糙度不如 Ra 全面，但对某些不允许存在较深加工痕迹的表面和小零件表面，Rz 就比较适用。

5.4.2　表面粗糙度参数值的选用

表面粗糙度参数值的选用直接关系到零件的性能、产品的质量、使用寿命、制造工艺和制造成本。在满足功能要求的前提下，要兼顾经济性和加工的可能性。所有参数的数值一般应从国标规定的系列值中选取(表 5-2～表 5-5)。具体选择时应注意以下几点：

(1)在满足使用功能的前提下，尽量选用低精度，以降低加工成本。

(2)同一零件上工作表面比非工作表面的粗糙度精度高。

(3)摩擦表面的粗糙度参数值应比非摩擦表面的粗糙度精度高。

(4)滚动摩擦表面的粗糙度参数值比滑动摩擦表面的粗糙度精度高。

(5)承受交变载荷的零件表面以及易产生应力集中的部位，应选用较高的粗糙度精度。

（6）接触刚度要求较高的表面、运动精度要求较高的表面、易受腐蚀的零件表面，应选用较高的粗糙度精度。

（7）要求配合性质稳定、可靠时，粗糙度精度应高些。小间隙配合表面、受重载作用的过盈配合表面，其粗糙度精度高。

（8）尺寸公差、几何公差要求高的表面，粗糙度精度应高。

（9）凡有关标准已对表面粗糙度要求作出规定者（如轴承、量规、齿轮等），应按标准规定选取表面粗糙度数值。

表5-7给出了对应于表面粗糙度参数 Ra 值的一般加工方法及应用示例。

表5-7 表面粗糙度参数值的应用

Ra / μm	加工方法	应用示例
25～12.5	粗车、粗铣、粗刨、钻、毛锉、锯断	粗加工非配合表面。如轴端面、倒角、钻孔、齿轮和带轮侧面、键槽底面、垫圈接触面及不重要的安装支承面
12.5～6.3	车、铣、刨、镗、钻、粗铰	半精加工表面。如轴上不安装轴承、齿轮等处的非配合表面以及轴和孔的退刀槽、支架、衬套、端盖、螺栓、螺母、齿顶圆、花键非定心表面等
6.3～3.2	车、铣、刨、镗、磨、拉、粗刮、铣齿	半精加工表面。箱体、支架、套筒、非传动用梯形螺纹等及与其他零件结合而无配合要求的表面
3.2～1.6	车、铣、刨、镗、磨、拉、刮	接近精加工表面。箱体上的轴承孔和定位销的压入孔表面及齿轮齿条、传动螺纹、键槽、带轮槽工作面、花键结合面等
1.6～0.8	车、镗、磨、拉、刮、精铰、磨齿、滚压	要求有定心及配合的表面。如圆柱销和圆锥销的表面、卧式车床导轨面、与P0级和P6级滚动轴承配合的表面等
0.8～0.4	精铰、精镗、磨、刮、滚压	要求配合性质稳定的配合表面及活动支承面。如高精度车床导轨面、高精度活动球状接头表面等
0.4～0.2	精磨、珩磨、研磨、超精加工	精密机床主轴锥孔、顶尖圆锥面、发动机曲轴和凸轮轴工作表面、高精度齿轮齿面、与P5级滚动轴承配合面等
0.2～0.1	精磨、研磨、普通抛光	精密机床主轴轴颈表面、一般量规工作表面、汽缸内表面、阀的工作表面、活塞销表面等
0.1～0.025	超精磨、精抛光、镜面磨削	精密机床主轴轴颈表面、滚动轴承套圈滚道、滚珠及滚柱表面、工作量规的测量表面、高压液压泵中的柱塞表面等
0.025～0.012	镜面磨削	仪器的测量面、高精度量仪等
<0.012	镜面磨削、超精研	量块的工作面、光学仪器中的金属镜面等

5.5 表面粗糙度的检测

常用的表面粗糙度检测方法主要有比较法、光切法、干涉法和针描法。

（1）比较法 比较法是将被测表面与表面粗糙度比较样块进行比较，凭视觉或触觉判断表面粗糙度是否符合要求的一种检验方法。比较时，所用比较样块的形状、加工方法、加工纹理、色泽和材料应与被测表面一致，这样才能保证检验结果的可靠性。

图 5-28 光切显微镜

比较法简便易行，适宜于车间检验，但其检验的准确性很大程度上取决于检验人员的经验，故常用于比较粗糙的表面粗糙度的检验。

（2）光切法 光切法使用光切显微镜（或双管显微镜）测量表面粗糙度参数值，见图 5-28。图 5-29 为光切显微镜的工作原理示意图。光源 1 发出的光经过狭缝 3 后变成一狭窄光带照射在被测轮廓上，在目镜 7 中可观察到被放大的轮廓影像，通过仪器的测微装置可测得轮廓的高度、间距，从而得到被测表面轮廓的粗糙度参数值。

光切法用于测量参数 Rz 和 Rsm，且只适用于测量加工纹理清晰的车、铣、刨削表面的表面粗糙度。

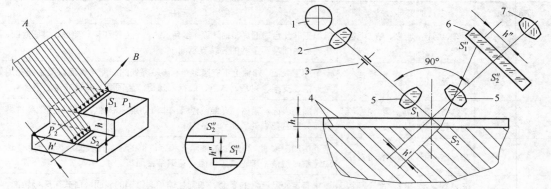

图 5-29 光切显微镜的工作原理

1—光源；2—聚光镜；3—狭缝；4—被测表面；5—物镜；6—分划板；7—目镜

（3）干涉法 干涉法使用干涉显微镜（图 5-30）测量表面粗糙度参数值。图 5-31 为干涉显微镜的工作原理示意图。光源 1 发出的光被分光板 7 分成两路，一路向上被被测表面 M_2 反射回来，另一路向左被参考镜 M_1 反射回来，两路光汇合后形成一组与被测轮廓相对应的干涉条纹，可在目镜 14 中观察到。干涉条纹的弯曲程度反映了被测轮廓峰、谷的高低，测出干涉条纹的弯曲量及间距，根据光的波长就可得到被测表面轮廓的粗糙度参数 Rz 的值。

（4）针描法 针描法使用电动轮廓仪（图 5-32）测量表面粗糙度参数值。图 5-33 为电动轮廓仪的工作原理示意图。测量时，曲率半径很小（通常为 2μm、5μm、10μm）的金刚石触针在被测表面上轻轻划过，被测表面轮廓的微观起伏使触针上下位移，再通过杠杆将位移传给传感器。传感器将位移转换成电信号，经放大、相敏检波、滤波等后续处理后，得到与被测表面轮廓相对应的电信号。该信号经 A/D 转换后送入计算机，经计算机处理后显示出被测表面轮廓曲线及表面粗糙度参数值。电动轮廓仪也可通过记录仪直接记录、显示被测轮廓曲线。

图 5-30 干涉显微镜

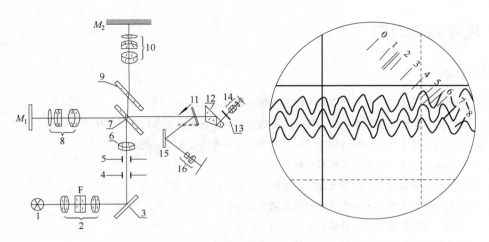

图 5-31　干涉显微镜的工作原理

1—光源；2—聚光镜；3，11，15—反射镜；4—孔径光阑；5—视场光阑；6—照明物镜；7—分光板；8，10—物镜；9—补偿板；12—转向棱镜；13—分划板；14—目镜；16—摄影物镜

　　电动轮廓仪可以根据国家标准的有关规定按轮廓法测量所有原始轮廓、粗糙度轮廓及波纹度轮廓参数。测量表面粗糙度时，可以测量 Ra、Rz、Rsm 和 $Rmr(c)$ 等参数，其 Ra 值的测量范围通常为 $0.025\sim6.3\mu m$。

　　大型工件的表面粗糙度测量可使用便携式表面粗糙度检查仪。这种仪器可放置在工件上进行测量，其工作原理与上述相似。

图 5-32　电动轮廓仪

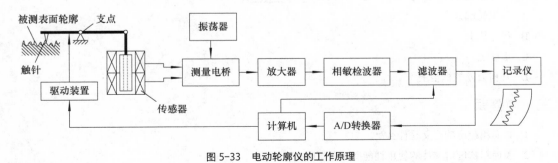

图 5-33　电动轮廓仪的工作原理

思考题与习题

一、判断题

1. 评定表面粗糙度时，通常可在两个幅度参数中选取。（　　）

2. 评定表面轮廓粗糙度所必需的一段长度称取样长度，它可以包含几个评定长度。（　　）

3. Rz 参数对某些不允许出现较深加工痕迹的表面和小零件表面有实用意义。（　　）

4. 选择表面粗糙度评定参数值应越小越好。（　　）

5. 零件的尺寸精度越高，通常表面粗糙度精度越高。（　　）

6. 摩擦表面应比非摩擦表面的表面粗糙度精度高。（　　）

7. 要求配合精度高的零件，其表面粗糙度精度应低。（　　）

8. 受交变载荷的零件，其表面粗糙度精度应高。（　　）

二、选择题

1. 表面粗糙度精度高，则零件的_____。

A. 耐磨性好

B. 配合精度高

C. 抗疲劳强度差

D. 加工容易

2. 选择表面粗糙度评定参数值时，下列论述正确的有_____。

A. 同一零件上工作表面应比非工作表面的精度低

B. 摩擦表面应比非摩擦表面的精度高

C. 配合质量要求高，表面粗糙度精度应高

D. 尺寸精度要求高，表面粗糙度精度应高

E. 受交变载荷的表面，表面粗糙度精度应低

3. 下列论述正确的有_____。

A. 表面粗糙度属于表面微观性质的形状误差

B. 表面粗糙度属于表面宏观性质的形状误差

C. 表面粗糙度属于表面波纹度误差

D. 磨削加工所得表面比车削加工所得表面的表面粗糙度精度低

E. 介于表面宏观形状误差与微观形状误差之间的是波纹度误差

4. 表面粗糙度代（符）号在图样上应标注在_____。

A. 可见轮廓线上

B. 尺寸线上

C. 虚线上

D. 几何公差的框格上

三、简答题

1. 表面粗糙度的含义是什么？

2. 表面粗糙度对零件的使用性能有哪些影响？

3. 为什么要规定取样长度和评定长度？两者之间的关系如何？

4. 表面粗糙度的主要评定参数有哪几个？试说明它们的含义。

5. 图样上给出的 Ra、Rz 和 Rsm 的单位是什么? $Rmr(c)$ 和 c 的值一般以什么形式给出?

6. 选择表面粗糙度参数值时应考虑哪些因素?

7. 常用的表面粗糙度的测量方法有哪几种?

四、综合题

1. 当使用条件相同时,下列工件或配合哪个表面粗糙度要求高?

(1) $\phi20$ H7 和 $\phi85$ H7; (2) $\phi30$ G7 和 $\phi30$ g7; (3) $\phi40$ H6/f5 和 $\phi40$ H6/s5。

2. 根据技术要求在图 5-34 的规定位置标注表面粗糙度要求。

位置 1: 去除材料,Ra 为 0.8μm;

位置 2: 去除材料,Ra 为 6.3μm;

位置 3: 去除材料,Ra 为 3.2μm;

位置 4: 去除材料,Ra 为 1.6μm;

位置 5: 去除材料,Ra 为 3.2μm;

其余表面: 去除材料,Ra 为 12.5μm。

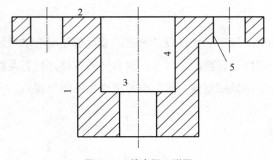

图 5-34　综合题 2 附图

第6章
光滑极限量规

【学习目标和要求】

1. 了解光滑极限量规的作用和种类。
2. 掌握工作量规公差带的分布。
3. 掌握工作量规的设计方法。

本章是教材中介绍专用量具设计的唯一章节。由于在批量生产中零件的检测多是使用高效率的专用量具，因此必须掌握光滑极限量规的设计知识。

6.1　概述

为了实现零件的互换性，除了必须在设计时按照零件的使用要求规定其相应的几何参数公差以外，还必须对加工后的零件进行检测，因为只有合格的零件才具有互换性。光滑工件尺寸的检测方法有两大类，第一类是用极限量规，第二类是用通用的测量仪器。

6.1.1　量规的作用

光滑极限量规具有以孔或轴的极限尺寸为公称尺寸的标准测量面，是无刻线长度测量器具。光滑极限量规检验的特征是判断被测工件是否在极限尺寸范围以内，以确定工件是否合格，但不能测出工件的实际尺寸。用这种方法检验，方便、迅速、可靠，并能保证工件的互换性，在生产中得到了广泛的应用，特别适用于大批量生产的场合。

用通用计量器具能测出工件的实际尺寸，便于了解产品质量情况，并能对生产过程进行分析，多用于单件、小批量生产中的检测。

当图样上被测要素的尺寸公差和几何公差按独立原则标注时，一般使用通用计量器具分别测量。当单一要素的孔或轴采用包容要求标注时，则应使用量规来检验，将尺寸误差和几何误差同时控制在尺寸公差范围内。

相关的国家标准如下：

GB/T 1957—2006《光滑极限量规　技术条件》；

GB/T 10920—2008《螺纹量规和光滑极限量规　型式与尺寸》。

6.1.2　量规的种类

按照被测对象的不同，可把光滑极限量规分为两大类：检测孔用量规称为塞规；检测轴用量规称为环规或者卡规。

塞规用来检测孔，图 6-1(a)表示塞规直径与孔径的关系。一个塞规按照被测孔的最大实体尺寸(即孔的下极限尺寸)制造，另一个塞规按照被测孔的最小实体尺寸(即孔的上极限尺寸)制造。前者叫塞规的"通规"(或"通端")，后者叫塞规的"止规"(或"止端")。使用时，塞规的通规通过被检验孔，表示被测孔径大于其下极限尺寸；塞规的止规塞不进被检验孔，表示被测孔径小于其上极限尺寸；二者同时满足表示孔径在规定的极限尺寸范围内，被检验孔是合格的。

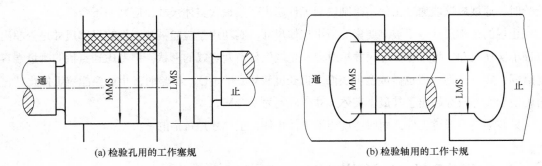

(a) 检验孔用的工作塞规　　　　　(b) 检验轴用的工作卡规

图 6-1　光滑极限量规的尺寸与形状

环规或卡规用来检验轴，图 6-1(b)表示卡规尺寸与轴径的关系。一个卡规按被测轴的最大实体尺寸(即轴的上极限尺寸)制造，另一个卡规按被测轴的最小实体尺寸(即轴的下极限尺寸)制造。前者叫卡规的"通规"(或"通端")，后者叫卡规的"止规"(或"止端")。使用时，卡规的通规能顺利地滑过轴径，表示被测轴径小于其上极限尺寸；卡规的止规滑不过去，表示被测轴径大于其下极限尺寸；二者同时满足表示轴径在规定的极限尺寸范围内，被检验轴是合格的。

把通规和止规联合使用，就能判断被测孔径或轴径是否在规定的极限尺寸范围内——如果通规通不过被测工件，或者止规通过了被测工件，就可确定被测工件不合格。

按照用途的不同，可把量规分为三类。

(1)工作量规　在零件的制造过程中，生产工人检验用的量规。工作量规一般成对使用，包括：

① 通规(T)——对于合格的工件来说，通规应该能通过工件。

② 止规(Z)——对于合格的工件来说，止规应该能被工件止住。

(2)验收量规　检验部门或用户代表验收工件时用的量规。这类量规一般也成对(通规和止规)使用。验收量规一般不另行制造，而是在基本未磨损的工作止规和磨损较多但并未超过磨损极限的工作通规中挑选出来的。

制造厂对工件进行检验时，操作者应该使用新的或者磨损较少的通规，检验部门应该使用与操作者相同形式且已经磨损较多的通规。用户代表在用量规验收工件时，通规应接近工件的最大实体尺寸，止规应接近工件的最小实体尺寸。

(3)校对量规　校对量规是轴用工作量规制造和使用过程中的检验量规。

工作通规通过被检工件的概率较大因而容易磨损，且检验轴的工作通规的结构形式为孔不便于测量。为了检验轴用工作通规是否合用，规定有三种校对量规。分别为："校通-通"塞规(TT)"校通-损"塞规(TS)和"校止-通"塞规(ZT)。

6.1.3　光滑极限量规的尺寸与形状

光滑极限量规是依据极限尺寸判断原则设计制造和使用的，极限尺寸判断原则又称泰勒原则，其含义和包容要求一致。

通规用来体现被测要素的最大实体尺寸，因此其公称尺寸为被测要素的最大实体尺寸，其测量面应具有与被测工件相对应的完整全形表面，且其长度应不小于被测工件的配合长度(图 6-1)。检验时，通规应该能通过工件，否则说明工件超出了其最大实体尺寸，应判为不合格。

止规的公称尺寸等于被测要素的最小实体尺寸，其功用是检验被测工件的局部尺寸是否超出其最小实体尺寸。为了与实际尺寸相对应，止规应具有两点式的形状，但考虑到点状的测量端容易磨损，实际止规一般也做成全形表面，但长度较短(图 6-1)。检验时，止规应能被工件止住，否则说明实际尺寸超出了其最小实体尺寸，应判为不合格。

只有通规能通过工件，同时止规能被工件止住，工件才是合格的。

6.2　量规的公差带

虽然量规是一种精密的检验工具，其制造精度要求比被检验工件更高，但在制造时也不可避免地会产生误差。量规一般应根据被测工件的尺寸要求自行设计、制造，因此它们也是一类特殊的工件，需要规定它们的制造公差。量规制造公差的大小不仅影响量规的制造成本，更重要的是会影响检验被测工件时的误判。各种量规的公差带大小及位置见图 6-2。

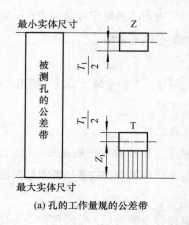

(a) 孔的工作量规的公差带

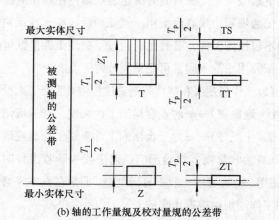

(b) 轴的工作量规及校对量规的公差带

图 6-2　量规公差带

(1) 工作量规的公差带　工作通规和工作止规的公差大小都是 T_1，但公差带位置不同。考虑到实际完工工件通常合格的占大多数，因此通规通过工件的次数和止规被工件止住的次数较多，导致通规不断磨损，而止规磨损较少。

因此，国标将通规的公差带位置自被测工件的最大实体尺寸向其公差带内缩进了一些，以保证通规具有一定的使用寿命。通规的磨损极限就是被测工件的最大实体尺寸。通规公差带中心到被测工件最大实体尺寸的缩进量称为其位置要素，用 Z_1 表示。由于止规不常磨损，因此其公差带从最小实体尺寸向被测工件的公差带内布置，不再内缩。

由于工作量规公差带的这种布置，使得可用的工作量规的实际尺寸都位于最大实体尺寸与最小实体尺寸之间，检验时必然出现误废，但不会出现误收。虽然误废会提高成本，但一定程度的误废还可以接受；误收则会影响互换性和使用，这是不允许的。

国标给出了工作量规的公差值 T_1 以及工作通规公差带的位置要素 Z_1 的值，见表 6-1。

表 6-1　工作量规的公差值 T_1 以及工作通规公差带的位置要素 Z_1 (摘自 GB/T 1957—2006)

被测工件的公称尺寸 /mm		被测工件的公差等级								
		IT6			IT7			IT8		
		公差值	T_1	Z_1	公差值	T_1	Z_1	公差值	T_1	Z_1
大于	至	μm								
—	3	6	1.0	1.0	10	1.2	1.6	14	1.5	2.0
3	6	8	1.2	1.4	12	1.4	2.0	18	2.0	2.6
6	10	9	1.4	1.6	15	1.8	2.4	22	2.4	3.2
10	18	11	1.6	2.0	18	2.0	2.8	27	2.8	4.0
18	30	13	2.0	2.4	21	2.4	3.4	33	3.4	5.0
30	50	16	2.4	2.8	25	3.0	4.0	39	4.0	6.0
50	80	19	2.8	3.4	30	3.6	4.6	46	4.6	7.0
80	120	22	3.2	3.8	35	4.2	5.4	54	5.4	8.0
120	180	25	3.8	4.4	40	4.8	6.0	63	6.0	9.0
180	250	29	4.4	5.0	46	5.4	7.0	72	7.0	10.0
250	315	32	4.8	5.6	52	6.0	8.0	81	8.0	11.0
315	400	36	5.4	6.2	57	7.0	9.0	89	9.0	12.0
400	500	40	6.0	7.0	63	8.0	10.0	97	10.0	14.0

被测工件的公称尺寸 /mm		被测工件的公差等级								
		IT9			IT10			IT11		
		公差值	T_1	Z_1	公差值	T_1	Z_1	公差值	T_1	Z_1
大于	至	μm								
—	3	25	2.0	3	40	2.4	4	60	3	6
3	6	30	2.4	4	48	3.0	5	75	4	8
6	10	36	2.8	5	58	3.6	6	90	5	9
10	18	43	3.4	6	70	4.0	8	110	6	11
18	30	52	4.0	7	84	5.0	9	130	7	13
30	50	62	5.0	8	100	6.0	11	160	8	16
50	80	74	6.0	9	120	7.0	13	190	9	19
80	120	87	7.0	10	140	8.0	15	220	10	22
120	180	100	8.0	12	160	9.0	18	250	12	25
180	250	115	9.0	14	185	10.0	20	290	14	29
250	315	130	10.0	16	210	12.0	22	320	16	32
315	400	140	11.0	18	230	14.0	25	360	18	36
400	500	155	12.0	20	250	16.0	28	400	20	40

(2)校对量规的公差带

校对量规的公差带如图 6-2(b)所示。

"校通-损"量规(TS)——用来校对工作通规的磨损是否超出了磨损极限尺寸(最大实体尺寸)。

"校通-通"量规(TT)——用来校对工作通规的尺寸是否过小。

"校止-通"量规(ZT)——用来校对工作止规的尺寸是否过小。

校对量规的公差 T_p 为被校轴用工作量规公差 T_1 的 1/2。

6.3　工作量规的设计

6.3.1　量规的设计原则及其型式与结构

工作量规的设计就是根据工件图样上的要求，设计出能够把工件尺寸控制在允许的公差范围内的量具。量规设计包括选择量规的结构形式、确定量规结构尺寸、计算量规工作尺寸以及绘制量规工作图。设计量规应符合极限尺寸判断原则(即泰勒原则)，具体内容如下。

(1)通规的测量面应是与孔或轴形状相对应的完整表面(通常称为全形量规)，其尺寸等于工件的最大实体尺寸，且长度等于配合长度。

(2)止规的测量面应是点状的，两测量面之间的尺寸等于工件的最小实体尺寸。

用符合泰勒原则的量规检验工件时，如通规能通过，止规不能通过，则该工件为合格品；反之，则表示工件不合格。

如果在某些场合下应用符合泰勒原则的量规不方便或有困难，可在保证被检验工件的形状误差不致影响配合性质的条件下，使用偏离泰勒原则的量规。例如，中、小尺寸的圆柱形塞规制造比较容易，大尺寸的圆柱形塞规则比较笨重、使用不便，环规的使用也极为不便，所以，应根据量规工作尺寸的大小，选用不同的工作量规型式。

表 6-2 为国标推荐的工作量规型式。图 6-3、图 6-4 列出了可供选用的若干工作量规的典型结构。

表 6-2　工作量规的推荐型式(摘自 GB/T 1957—2006)

用途	推荐顺序	量规的工作尺寸/mm			
		≤18	>18~100	>100~315	>315~500
工件孔用的通端量规	1	全形塞规		不全形塞规	球端杆规
	2	—	不全形塞规或片形塞规	片形塞规	—
工件孔用的止端量规	1	全形塞规	全形塞规或片形塞规		球端杆规
	2	—	不全形塞规		—
工件轴用的通端量规	1	环规			卡规
	2	卡规			—
工件轴用的止端量规	1	卡规			
	2	环规	—		

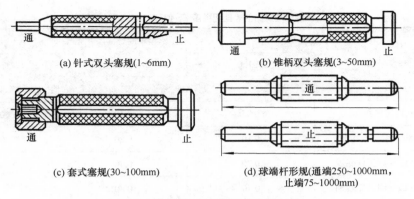

(a) 针式双头塞规(1~6mm)　　(b) 锥柄双头塞规(3~50mm)

(c) 套式塞规(30~100mm)　　(d) 球端杆形规(通端250~1000mm，止端75~1000mm)

图 6-3　孔用工作量规的典型结构

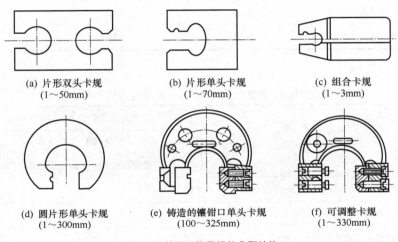

(a) 片形双头卡规
(1~50mm)　　(b) 片形单头卡规
(1~70mm)　　(c) 组合卡规
(1~3mm)

(d) 圆片形单头卡规
(1~300mm)　　(e) 铸造的镶钳口单头卡规
(100~325mm)　　(f) 可调整卡规
(1~330mm)

图 6-4　轴用工作量规的典型结构

6.3.2　量规的技术要求

（1）材料　量规测量面的材料与硬度对量规的使用寿命有一定的影响。量规宜采用合金工具钢、碳素工具钢及其他耐磨材料制作；钢制量规测量面的硬度不应小于 700HV（或 60HRC）；量规应经过稳定性处理。

（2）几何公差　国标规定了 IT6～IT16 工件的量规。量规的几何误差应在其尺寸公差带内。

工作量规的几何公差为其尺寸公差的 50%。考虑到制造和测量的困难，当工作量规的尺寸公差小于或等于 0.002mm 时，其几何公差为 0.001mm。

（3）表面粗糙度　量规测量面不应有锈迹、毛刺、黑斑、划痕等明显影响外观使用质量的缺陷。其他表面不应有锈蚀和裂纹。工作量规和校对量规表面粗糙度 Ra 值应不大于表 6-3 和表 6-4 的规定。

表 6-3　工作量规测量面的表面粗糙度 Ra 值(摘自 GB/T 1957—2006)

工作量规	工作量规的公称尺寸/mm		
	≤120	>120～315	>315～500
	工作量规测量面的表面粗糙度 Ra 值/μm		
IT6 级孔用工作塞规	0.05	0.10	0.20
IT7～IT9 级孔用工作塞规	0.10	0.20	0.40
IT10～IT12 级孔用工作塞规	0.20	0.40	0.80
IT13～IT16 级孔用工作塞规	0.40	0.80	
IT6～IT9 级轴用工作环规	0.10	0.20	0.40
IT10～IT12 级轴用工作环规	0.20	0.40	0.80
IT13～IT16 级轴用工作环规	0.40	0.80	

表 6-4　校对量规测量面的表面粗糙度 Ra 值(摘自 GB/T 1957—2006)

校对量规	校对量规的公称尺寸/mm		
	≤120	>120～315	>315～500
	校对量规测量面的表面粗糙度 Ra 值/μm		
IT6～IT9 级轴用工作环规的校对塞规	0.05	0.10	0.20
IT10～IT12 级轴用工作环规的校对塞规	0.10	0.20	0.40
IT13～IT16 级轴用工作环规的校对塞规	0.20	0.40	

(4)其他　塞规的测头与手柄的连接应牢固、可靠,在使用过程中不应松动。

6.3.3　量规设计应用举例

【例 6-1】设计检验孔 $\phi60\,\mathrm{H9}\binom{+0.074}{0}$ Ⓔ的工作量规的工作尺寸和通规的磨损极限尺寸,画出公差带图解,选定其结构形式。

解:量规工作尺寸的计算步骤如下:

(1)查出被检验工件的极限偏差。

(2)查出工作量规的尺寸公差 T_1 和位置要素 Z_1 值。

(3)画出工件和量规的公差带图。

(4)计算量规的极限偏差。

(5)计算量规的极限尺寸以及磨损极限尺寸。

(6)按照量规的常用形式绘制并标注量规图样。

被测孔的极限偏差和尺寸为

公称尺寸 $D = \phi60\text{mm}$

下极限偏差 $EI = 0$

上极限偏差 $ES = +0.074\text{mm}$

最大实体尺寸 $\text{MMS} = D_\text{L} = D + EI = \phi60\,(\text{mm})$

最小实体尺寸 $\text{LMS} = D_\text{U} = D + ES = \phi60.074\,(\text{mm})$

查表 6-1 得，工作量规的公差值 T_1 和工作通规公差带的位置要素 Z_1 为

工作量规的公差值 $T_1 = 6\mu\text{m} = 0.006\text{mm}$

工作通规的位置要素 $Z_1 = 9\mu\text{m} = 0.009\text{mm}$

参见图 6-2，对于工作通规"T"：

公称尺寸 $= \text{MMS} = \phi60\text{mm}$

上极限偏差 $= Z_1 + T_1/2 = 0.009 + 0.006/2 = +0.012\,(\text{mm})$

下极限偏差 $= Z_1 - T_1/2 = 0.009 - 0.006/2 = +0.006\,(\text{mm})$

通规的尺寸 $= \phi60^{+0.012}_{+0.006}\text{mm}$

通规的磨损极限尺寸 $= \text{MMS} = \phi60\text{mm}$

参见图 6-2，对于工作止规"Z"：

公称尺寸 $= \text{LMS} = \phi60.074\text{mm}$

上极限偏差 $= 0$

下极限偏差 $= -T_1 = -0.006\text{mm}$

止规的尺寸 $= \phi60.074^{0}_{-0.006}\text{mm}$（或 $\phi60^{+0.074}_{+0.068}\text{mm}$）

图 6-5 为本例的公差带图解。

量规两个测量面的圆度公差为量规尺寸公差的 50%，即 0.003mm，查表 6-3，IT9 级孔用工作塞规的表面粗糙度 Ra 不超过 0.1μm。

根据表 6-2 推荐的工作量规型式，工作通规选用全形塞规，工作止规选用全形塞规或片形塞规，具体结构选用图 6-3(c) 所示的套式塞规。图 6-6 为本例的工作量规结构及工作尺寸标注。

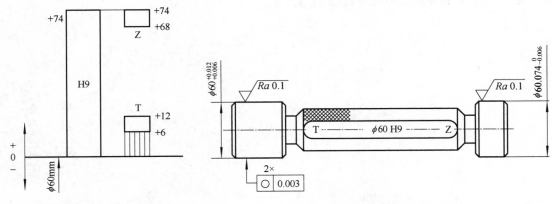

图 6-5　公差带图解　　　　　　　　　图 6-6　结构与尺寸标注

👥 思考题与习题

一、填空题

1. 光滑极限量规是成对使用的，其中一个称为_____，用代号_____表示；另一个称为_____，用代号_____表示。

2. 检验孔的光滑极限量规称为_____。使用时，其通规通过被测孔，表示被测孔大于_____；其止规通不过被测孔，表示被测孔小于_____，即说明孔的实际尺寸在规定的极限尺寸范围内，被测孔是合格的。

3. 检验轴的光滑极限量规称为_____。使用时，若通规通过被测轴，表示被测轴小于_____；若止规通不过被测轴，表示被测轴大于_____，即说明轴的实际尺寸在规定的极限尺寸范围内，被测轴是合格的。

二、选择题

1. 检验孔的极限量规为_____，检验轴的极限量规为_____。
A. 塞规、卡规（环规）
B. 卡规（环规）、塞规
C. 通规、止规
D. 止规、通规

2. 光滑极限量规的通规在理论上应为_____，即尺寸为_____。
A. 全形量规、最小实体尺寸
B. 不全形量规、最小实体尺寸
C. 不全形量规、最大实体尺寸
D. 全形量规、最大实体尺寸

三、简答题

1. 试述光滑极限量规的作用和分类。
2. 光滑极限量规的通端和止端分别按照工件的哪个尺寸制造？各控制工件的哪个尺寸？
3. 孔、轴用工作量规的公差带是如何分布的？

四、综合题

设计检验 $\phi30$ H8/f7 孔和轴用工作量规的工作尺寸。

第 7 章
滚动轴承的互换性

【学习目标和要求】

1. 掌握滚动轴承的精度等级及其应用。
2. 掌握滚动轴承内、外径公差带的特点。
3. 掌握国家标准有关与滚动轴承配合的轴颈、轴承座孔公差带的规定。

通过本章学习，要求了解滚动轴承的精度和滚动轴承配合尺寸公差带的特点及其与轴、轴承座孔配合的要求，会查阅有关轴承精度和公差的各种表格，会合理选用滚动轴承及其与轴和孔的配合。

7.1　滚动轴承的精度等级及其应用

滚动轴承是标准部件，它既可以用于支承旋转的轴，又可以减少轴与支承部件之间的摩擦力，广泛地用于机械传动中。轴承一般由外圈、内圈、滚动体(滚珠、滚柱、滚针)和保持架(又称隔离架)组成，如图 7-1 所示。

相关的国家标准如下：

GB/T 6930—2002《滚动轴承　词汇》；

GB/T 307.1—2017《滚动轴承　向心轴承　产品几何技术规范(GPS)和公差值》；

GB/T 307.3—2017《滚动轴承　通用技术规则》；

GB/T 275—2015《滚动轴承　配合》。

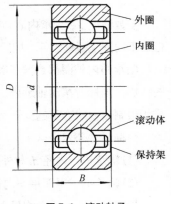

图 7-1　滚动轴承

7.1.1　滚动轴承的精度等级

滚动轴承的精度是按其外形尺寸精度和旋转精度分级的。

滚动轴承的外形尺寸精度是指轴承的外径 D、内径 d 和轴承宽度 B 的制造精度；旋转精度主要指轴承内、外圈的径向跳动，端面对滚道的跳动和端面对内孔的跳动等。

滚动轴承的类型很多，按滚动体的形状可分为球、滚子及滚针轴承；按其可承受载荷的方向可分为向心轴承、向心推力轴承和推力轴承。

国家标准规定向心轴承(圆锥滚子轴承除外)的精度分为普通级、6、5、4、2 共五级；圆锥滚子轴承的精度分为普通级、6X、5、4、2 共五级；推力轴承的精度分为普通级、6、5、4 共四级。其中普通级精度最低，精度依次升高。

7.1.2　滚动轴承精度等级的应用

滚动轴承各级精度的应用情况如下：

普通级——在机械制造中应用最广，通常用于旋转精度要求不高、中等载荷、中等转速的一般机构中。例如普通机床变速箱、进给箱的轴承，汽车、拖拉机变速箱的轴承，普通电动机、水泵、压缩机和涡轮机等旋转机构中的轴承。

6 级——用于转速较高、旋转精度要求较高的旋转机构中。如普通机床的主轴后轴承、精密机床变速箱的轴承等。

5 级、4 级——用于旋转精度和转速高的机构中。例如精密机床的主轴轴承、精密仪器仪表的主要轴承等。

2 级——用于旋转精度和转速很高的机构中。如精密坐标镗床的主轴轴承、高精度齿轮磨床及数控机床中使用的轴承。

只有当使用普通级轴承不能保证机构所要求的旋转精度时，方可选择较高精度的轴承。

7.1.3　滚动轴承的内径、外径公差带及其特点

多数情况下，轴承内圈与轴颈一起旋转，为了满足使用要求和保证配合性质，应采用过盈配合。但由于内圈是薄壁零件，同时是易损件，需要经常拆卸，因此，此处的过盈量应适当，不宜太大。

轴承的内外圈都是薄壁零件，在制造和自由状态下都易变形，装配后又可得到校正，根据这些特点，国标对滚动轴承内、外径分别规定了两种尺寸公差及其尺寸的变动量，用于控制配合性质和限制自由状态下的变形量。

两种尺寸公差是：

(1)轴承单一内径 d_s 与外径 D_s 的偏差(Δ_{ds}、Δ_{Ds})；

(2)轴承单一平面平均内径 d_{mp} 与外径 D_{mp} 的偏差(Δ_{dmp}、Δ_{Dmp})。

其中对配合性质影响最大的是单一平面平均内、外径偏差，即轴承套圈任意横截面内测得的最大直径和最小直径的平均值与公称直径的差必须在极限偏差范围内，因为平均直径是配合时起作用的尺寸。向心轴承内、外径的尺寸公差见表 7-1。从普通级至 2 级精度的平均直径公差相当于 IT7～IT3 级的公差。

表 7-1　向心轴承 Δ_{dmp} 和 Δ_{Dmp} 的极限值(摘自 GB/T 307.1—2017)

精度等级			普通级		6		5		4		2	
基本直径/mm			极限偏差/μm									
大于		到	上极限偏差	下极限偏差	上极限偏差	下极限偏差	上极限偏差	下极限偏差	上极限偏差	下极限偏差	上极限偏差	下极限偏差
内圈	18	30	0	−10	0	−8	0	−6	0	−5	0	−2.5
	30	50	0	−12	0	−10	0	−8	0	−6	0	−2.5
外圈	50	80	0	−13	0	−11	0	−9	0	−7	0	−4
	80	120	0	−15	0	−13	0	−10	0	−8	0	−5

滚动轴承是标准件，为了便于互换，国家标准规定轴的内圈内径与轴颈之间采用基孔制配合，轴承的外圈外径与轴承座孔采用基轴制配合。

轴承的内圈内径与轴颈虽然采用基孔制配合，但其公差带位于零线的下方，即上极限偏差为零，如图 7-2 所示。这种布置主要是为了满足轴承配合的特殊要求。在多数情况下，由于内圈与轴一起转动，为了防止内圈与轴颈的配合面之间相对滑动而产生磨损，影响轴承的寿命和工作性能，同时也为了传递一定的转矩，两者的配合应有适当的过盈。当采用这种特殊规定时，轴承内圈与轴的配合比 GB/T 1800.1—2020 中的同名配合要紧很多，这样就能从 GB/T 1800.1—2020 的基本偏差系列中选取轴的基本偏差，从而实现完全互换。

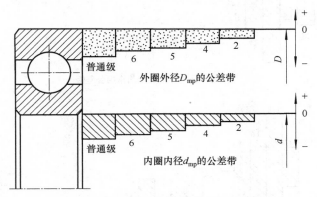

图 7-2　滚动轴承内圈内径、外圈外径的公差带

轴承的外圈外径与轴承座孔采用基轴制配合。轴承外圈安装在轴承座孔中，通常不随轴旋转。工作时温度升高，会使轴热膨胀而产生轴向移动，因此，两端轴承中有一端应是游动支承。外圈外径与轴承座孔的配合应稍微松一点，使之能补偿轴的热胀伸长量，避免轴发生弯曲变形导致轴承内部卡死。国标规定，轴承外圈单一平面平均外径 D_{mp} 的公差带位置分布于零线的下方，即上极限偏差为零，下极限偏差为负。

7.2　轴和轴承座孔与滚动轴承的配合

7.2.1　轴和轴承座孔的公差带

国家标准对与普通级和 6 级轴承配合的轴颈规定了 17 种公差带，对轴承座孔规定了 16 种公差带，如图 7-3、图 7-4 所示(其中 Δ_{dmp} 为轴承内圈单一平面平均内径偏差，Δ_{Dmp} 为轴承外圈单一平面平均外径偏差)。

由图 7-3、图 7-4 可见，轴承内圈内径与轴颈的基孔制配合，虽然在概念上和一般圆柱体的基孔制配合相同，但由于轴承内、外径的公差带都采用上极限偏差为 0 的单向布置，并且其公差值也无特殊规定，因此同样一根轴，与轴承内径形成的配合，要比与一般基孔制配合下的孔形成的配合紧很多。同理，同样的孔与轴承外径的配合和与一般圆柱体基准轴的配合也不完全相同。

推荐与普通级、6、5、4 级轴承配合的轴和轴承座孔的公差带见表 7-2。

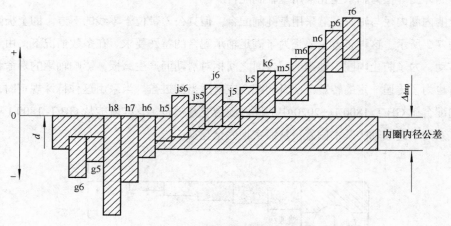

图 7-3　轴承与轴配合的常用公差带

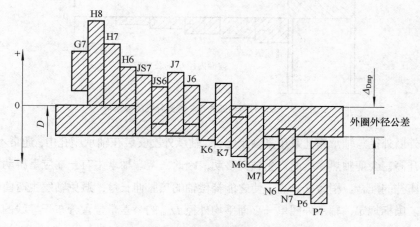

图 7-4　轴承与轴承座孔配合的常用公差带

表 7-2　与滚动轴承各级精度相配合的轴和轴承座孔公差带

轴承精度	轴公差带		轴承座孔公差带		
	过渡配合	过盈配合	间隙配合	过渡配合	过盈配合
普通级	g8　h7 g6　h6　j6　js6 g5　h5　j5	k6　m6　n6　p6 r6　r7 k5　m5	H8 G7　H7 H6	J7　JS7　K7　M7　N7 J6　JS6　K6　M6　N6	P7 P6
6	g6　h6　j6　js6 g5　h5　j5	k6　m6　n6　p6 r6　r7 k5　m5	H8 G7　H7 H6	J7　JS7　K7　M7　N7 J6　JS6　K6　M6　N6	P7 P6
5	h5　j5　js6	k6　m6 k5　m5	H6	JS6　K6　M6	
4	h5　js6　H4	k5　m5		K6	

注：1. 孔 N6 与 0 级精度轴承（外径 D<150mm）和 6 级精度轴承（外径 D<315mm）的配合为过盈配合。

2. 轴 r6 用于内径 d>120～500mm；轴 r7 用于内径 d>180～500mm。

7.2.2　轴和轴承座孔与滚动轴承配合的选用

正确选择轴承与轴颈和轴承座孔的配合，对保证机器正常运转、提高轴承使用寿命、充分发挥其承载能力关系很大。选择时主要考虑下列因素。

7.2.2.1　运转条件

套圈相对于载荷方向旋转或摆动时，应选择过盈配合；套圈相对于载荷方向固定时，可选择间隙配合，见表 7-3。载荷方向难以确定时，宜选择过盈配合。

表 7-3　套圈运转及承载情况

套圈运转情况	典型示例	示意图	套圈承载情况	推荐的配合
内圈旋转 外圈静止 载荷方向恒定	皮带驱动轴		内圈承受旋转载荷 外圈承受静止载荷	内圈过盈配合 外圈间隙配合
内圈静止 外圈旋转 载荷方向恒定	传送带托辊 汽车轮毂轴承		内圈承受静止载荷 外圈承受旋转载荷	内圈间隙配合 外圈过盈配合
内圈旋转 外圈静止 载荷随内圈旋转	离心机、振动筛、 振动机械		内圈承受静止载荷 外圈承受旋转载荷	内圈间隙配合 外圈过盈配合
内圈静止 外圈旋转 载荷随外圈旋转	回转式破碎机		内圈承受旋转载荷 外圈承受静止载荷	内圈过盈配合 外圈间隙配合

7.2.2.2　载荷大小

载荷越大，选择的配合过盈量应越大，以免套圈在重载荷的作用下产生变形，导致配合面受力不均匀而使配合松动。当承受冲击载荷或重载荷时，一般应选择比正常、轻载荷时更紧的配合。对向心轴承，载荷的大小用径向当量动载荷 P_r 与径向额定动载荷 C_r 的比值区分，见表 7-4。

表 7-4　向心轴承载荷大小

载荷大小	P_r/C_r
轻载荷	$\leqslant 0.06$
正常载荷	$>0.06 \sim 0.12$
重载荷	>0.12

7.2.2.3　其他因素

轴承在运转时，其温度通常要比相邻零件的温度高，造成轴承内圈与轴的配合变松，外圈可能因为膨胀而影响轴承在轴承座中的轴向移动。因此，应考虑轴承与轴和轴承座的温差和热的流向。当轴承温度高于轴温时，必须选择较紧的配合。尤其是对高温（高于 100℃）下工作的轴承，选择配合时应对温度的影响进行修正。

为了便于安装、拆卸，特别是对于重型机械，宜采用较松的配合。如果要求拆卸又需要较紧的配合，可采用分离型轴承或内圈带锥孔和紧定套或退卸套的轴承。

选用轴承配合时，还应考虑旋转精度、旋转速度、轴和轴承座的结构与材料等因素。

综上所述，影响滚动轴承配合选用的因素较多，通常难以用计算法确定，所以在实际生产中常用类比法。类比法选取时可参考表 7-5～表 7-8。

表 7-5　向心轴承和轴的配合——轴公差带（摘自 GB/T 275—2015）

圆柱孔轴承					
载荷情况		举例	深沟球轴承、调心球轴承和角接触球轴承	圆柱滚子轴承和圆锥滚子轴承	调心滚子轴承	公差带
			轴承公称内径/mm			
内圈承受旋转载荷或方向不定载荷	轻载荷	输送机、轻载齿轮箱	≤18 >18～100 >100～200 —	— ≤40 >40～140 >140～200	— ≤40 >40～100 >100～200	h5 j6① k6① m6①
	正常载荷	一般通用机械、电动机、泵、内燃机、正齿轮传动装置	≤18 >18～100 >100～140 >140～200 >200～280 — —	— — ≤40 >40～100 >100～140 >140～200 >200～400	— ≤40 >40～65 >65～100 >100～140 >140～280 >280～500	j5、js5 k5② m5② m6 n6 p6 r6
	重载荷	铁路机车车辆轴箱、牵引电机、破碎机等		>50～140 >140～200 >200 —	>50～100 >100～140 >140～200 >200	n6③ p6③ r6③ r7①
内圈承受固定载荷	所有载荷	内圈需在轴向易移动	非旋转轴上的各种轮子			f6 g6
		内圈不需在轴向易移动	张紧轮、绳轮	所有尺寸		h6 j6
仅有轴向载荷			所有尺寸			j6、js6
圆锥孔轴承					
所有载荷		铁路机车车辆轴箱	装在退卸套上	所有尺寸		h8(IT6)④⑤
		一般机械传动	装在紧定套上	所有尺寸		h9(IT7)④⑤

① 凡精度要求较高的场合，应用 j5、k5、m5 代替 j6、k6、m6。

② 圆锥滚子轴承、角接触球轴承配合对游隙影响不大，可用 k6、m6 代替 k5、m5。

③ 重载荷下轴承游隙应选大于 N 组。

④ 凡精度要求较高或转速要求较高的场合，应选用 h7(IT5)代替 h8(IT6)等。

⑤ IT6、IT7 表示圆柱度公差数值。

表 7-6　向心轴承和轴承座孔的配合——孔公差带（摘自 GB/T 275—2015）

载荷情况		举例	其他状况	公差带[1]	
				球轴承	滚子轴承
外圈承受固定载荷	轻、正常、重	一般机械、铁路机车车辆轴箱	轴向易移动，可采用剖分式轴承座	H7、G7[2]	
	冲击		轴向能移动，可采用整体或剖分式轴承座	J7、JS7	
方向不定载荷	轻、正常	电机、泵、曲轴主轴承		K7	
	正常、重				
	重、冲击	牵引电机		M7	
外圈承受旋转载荷	轻	皮带张紧轮	轴向不移动，采用整体式轴承座	J7	K7
	正常	轮毂轴承		M7	N7
	重			—	N7、P7

① 并列公差带随尺寸的增大从左至右选择。对旋转精度有较高要求时，可相应提高一个公差等级。

② 不适用于剖分式轴承座。

表 7-7　推力轴承和轴的配合——轴公差带（摘自 GB/T 275—2015）

载荷情况		轴承类型	轴承公称内径/mm	公差带
仅有轴向载荷		推力球和推力圆柱滚子轴承	所有尺寸	j6、js6
径向和轴向联合载荷	轴圈承受固定载荷	推力调心滚子轴承、推力角接触球轴承、推力圆锥滚子轴承	≤250	j6
			>250	js6
	轴圈承受旋转载荷或方向不定载荷		≤200	k6*
			>200～400	m6
			>400	n6

* 要求较小过盈时，可分别用 j6、k6、m6 代替 k6、m6、n6。

表 7-8　推力轴承和轴承座孔的配合——孔公差带（摘自 GB/T 275—2015）

载荷情况		轴承类型	公差带
仅有轴向载荷		推力球轴承	H8
		推力圆柱、圆锥滚子轴承	H7
		推力调心滚子轴承	—[1]
径向和轴向联合载荷	座圈承受固定载荷	推力角接触球轴承、推力调心滚子轴承、推力圆锥滚子轴承	H7
	座圈承受旋转载荷或方向不定载荷		K7[2]
			M7[3]

① 轴承座孔与座圈间隙为 0.001D（D 为轴承公称外径）。

② 一般工作条件。

③ 有较大径向载荷时。

7.2.3　配合表面的其他技术要求

为了保证轴承的工作质量和使用要求，还必须对与轴承相配的轴和轴承座孔的配合表面提出几何公差及表面粗糙度要求。国标规定了与轴承配合的轴颈和轴承座孔表面的圆柱度公差、轴肩及轴承座孔端面的端面圆跳动公差，见图 7-5、图 7-6，几何公差数值见表 7-9。与轴承配合的轴颈和轴承座孔表面的粗糙度要求，见表 7-10。

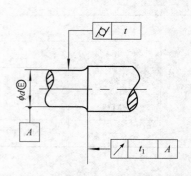
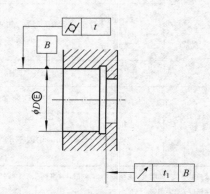

图 7-5　轴颈的圆柱度公差和轴肩的轴向圆跳动公差　　图 7-6　轴承座孔表面的圆柱度公差和孔肩的轴向圆跳动公差

表 7-9　轴和轴承座孔的几何公差

公称尺寸/mm		圆柱度 t/μm				轴向圆跳动 t_1/μm			
		轴颈		轴承座孔		轴肩		轴承座孔肩	
		轴承公差等级							
>	≤	0	6(6X)	0	6(6X)	0	6(6X)	0	6(6X)
—	6	2.5	1.5	4	2.5	5	3	8	5
6	10	2.5	1.5	4	2.5	6	4	10	6
10	18	3	2	5	3	8	5	12	8
18	30	4	2.5	6	4	10	6	15	10
30	50	4	2.5	7	4	12	8	20	12
50	80	5	3	8	5	15	10	25	15
80	120	6	4	10	6	15	10	25	15
120	180	8	5	12	8	20	12	30	20
180	250	10	7	14	10	20	12	30	20

表 7-10　配合表面及端面的表面粗糙度

轴或轴承座孔直径/mm		轴或轴承座孔配合表面直径公差等级					
		IT7		IT6		IT5	
		表面粗糙度 Ra/μm					
>	≤	磨	车	磨	车	磨	车
—	80	1.6	3.2	0.8	1.6	0.4	0.8
80	500	1.6	3.2	1.6	3.2	0.8	1.6
500	1250	3.2	6.3	3.2	6.3	1.6	3.2
端面		3.2	6.3	3.2	6.3	1.6	3.2

7.2.4　选用举例

【例 7-1】　一圆柱齿轮减速器，小齿轮轴要求较高的旋转精度，装有 0 级单列深沟球轴承（型号为 310），轴承尺寸为 50mm×110mm×27mm（内圈内径 50mm，外圈外径 110mm），额定动载荷 $C_r = 32000N$，径向载荷 $P_r = 3600N$。试确定与轴承配合的轴颈和轴承座孔的配合尺寸与技术要求，并将它们分别标注在装配图和零件图上。

解：按给定条件，$P_r/C_r = 3600/32000 = 0.11$，属于正常载荷。减速器的齿轮传递动力，内圈承受旋转载荷，外圈承受固定载荷。

按轴承类型和尺寸规格，查表 7-6，选定轴颈公差带为 k5；查表 7-5，轴承座孔的公差带为 G7 或 H7 均可，但由于该轴旋转精度要求较高，可相应提高一个公差等级，选定 H6；查表 7-9 和表 7-10，选定如下的几何公差要求和表面粗糙度 Ra 要求：

轴颈的圆柱度公差为 0.004mm；

轴肩的轴向圆跳动公差为 0.012mm；

轴承座孔的圆柱度公差为 0.010mm；

孔肩的轴向圆跳动公差为 0.025mm；

轴颈表面的表面粗糙度要求 $Ra = 0.4\mu m$；

轴肩表面的表面粗糙度要求 $Ra = 1.6\mu m$；

轴承座孔表面的表面粗糙度要求 $Ra = 1.6\mu m$；

孔肩表面的表面粗糙度要求 $Ra = 3.2\mu m$。

将选定的上述要求标注在图样上，见图 7-7。值得注意的是，由于滚动轴承是标准件，因此在装配图上只标注轴颈和轴承座孔的公差带代号。

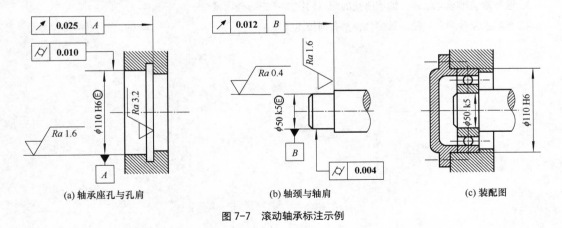

(a) 轴承座孔与孔肩　　　　　(b) 轴颈与轴肩　　　　　(c) 装配图

图 7-7　滚动轴承标注示例

👥　思考题与习题

一、判断题

1. 轴承内圈与轴的配合采用基孔制。（　　）

2. 滚动轴承的内圈与轴的配合采用间隙配合。（　　）

3. 滚动轴承配合，在图样上只需标注轴颈和轴承座孔的公差带代号。（　　）

4. 普通级轴承应用于转速较高和旋转精度也比较高的机械中。（　　）

5. 滚动轴承国家标准将内圈内径的公差带规定在零线的下方。（　　）

6. 滚动轴承内圈与基本偏差为 g 的轴形成间隙配合。（　　）

二、选择题

1. 下列配合零件应选用基轴制的有_____。

A. 滚动轴承外圈与轴承座孔　　　　　　　　B. 同一轴与多孔相配，且有不同的配合性质

C. 滚动轴承内圈与轴　　　　　　　　　　　D. 轴为冷拉圆钢，不需再加工

2. 滚动轴承外圈与基本偏差为 H 的轴承座孔形成_____配合。

A. 间隙　　　　　　　　B. 过渡　　　　　　　　C. 过盈

3. 滚动轴承内圈与基本偏差为 h 的轴颈形成_____配合。

A. 间隙　　　　　　　　B. 过渡　　　　　　　　C. 过盈

4. 某滚动轴承配合，如图样上标注为 ϕ60 R6，则省略的是_____。

A. ϕ60 H7　　　　　　B. 轴承公差带代号　　　　C. 轴承型号

5. 承受局部载荷的套圈应选_____配合。

A. 较松的过渡配合　　　　　　　　　　　　B. 较紧的间隙配合

C. 过盈配合　　　　　　　　　　　　　　　D. 较紧的过渡配合

三、简答题

1. 滚动轴承的精度有哪几个等级？哪个等级应用最广？

2. 滚动轴承与轴颈、轴承座孔的配合采用何种配合制？其公差带分布有何特点？

3. 选择滚动轴承与轴颈、轴承座孔的配合时主要考虑哪些因素？

4. 与轴承配合的孔或轴，其配合表面有何技术要求？

第 8 章
螺纹的公差与配合

【学习目标和要求】

1. 了解普通螺纹的使用要求。
2. 了解普通螺纹的主要几何参数及其对互换性的影响。
3. 掌握国家标准对普通螺纹公差等级和基本偏差的规定。
4. 初步了解螺纹常用的检测方法。

8.1　概述

8.1.1　螺纹的种类和使用要求

无论是在机械制造还是在日常生活中，螺纹的应用都非常广泛。不同用途的螺纹对其几何精度的要求也不一样。螺纹的种类很多，若按牙型分，有三角形螺纹、梯形螺纹、锯齿形螺纹三种，若按其用途可分为以下三类。

(1) 紧固螺纹　紧固螺纹主要用于联接和紧固各种机械零件，如螺钉与机体的联接、螺栓和螺母连接并紧固两个连接件等，其牙型为三角形，如普通螺纹，这是使用最广泛的一种螺纹连接形式。对紧固螺纹，要求螺纹牙侧面接触均匀、紧密，以保证一定的联接强度(不过早损坏)和结合强度(不自动松脱)，同时要求具有良好的旋合性。

(2) 传动螺纹　传动螺纹主要用于传递动力、运动或实现精确位移，如机床传动丝杠和量仪测微螺杆上的螺纹。对传动螺纹，主要是要求具有传递动力的可靠性和足够的位移精度，即保证传动比的准确性、稳定性及较小的空程；此外，还必须有足够的灵活性(传动轻便、效率高)。

(3) 密封螺纹　密封螺纹主要用于对气体和液体的密封，如管螺纹等。对密封螺纹，要求保证具有足够的联接强度和紧密性，如管螺纹必须保证不漏气、不漏水。显然，这类螺纹结合必须有一定的过盈，因此它们的公差带位置与过盈或过渡配合的公差带位置相当。

本章主要介绍应用最广泛的普通螺纹的极限与配合及其应用。相关的国家标准如下：

GB/T 14791—2013《螺纹　术语》；

GB/T 192—2003《普通螺纹　基本牙型》；

GB/T 193—2003《普通螺纹　直径与螺距系列》；

GB/T 196—2003《普通螺纹　基本尺寸》；

GB/T 197—2018《普通螺纹　公差》；

GB/T 2516—2003《普通螺纹　极限偏差》；

GB/T 15756—2008《普通螺纹　极限尺寸》。

8.1.2　普通螺纹的基本牙型和主要几何参数

基本牙型是在螺纹轴线平面内，由理论尺寸、角度和削平高度所形成的内、外螺纹共有的理论牙型。它是确定螺纹设计牙型的基础。由延长基本牙型的牙侧获得的三个连续交点所形成的三角形为原始三角形，其高度即底边到与此底边相对的原始三角形顶点间的径向距离为 H。普通螺纹的原始三角形是等边三角形，见图 8-1。

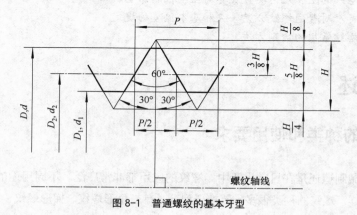

图 8-1　普通螺纹的基本牙型

（1）大径（D 或 d）　大径是指与内螺纹牙底或外螺纹牙顶相切的假想圆柱体直径。国标规定，大径的公称尺寸为螺纹的公称直径。D 和 d 分别表示内、外螺纹的大径，相互结合的内、外螺纹的大径的公称尺寸（内、外螺纹的公称直径）相等，即 $D = d$。

（2）小径（D_1 或 d_1）　小径是指与内螺纹牙顶或外螺纹牙底相切的假想圆柱体直径。D_1 和 d_1 分别表示内、外螺纹的小径，相互结合的内、外螺纹小径的公称尺寸相等，即 $D_1 = d_1$。

为方便起见，将与牙顶相重合的螺纹直径统称为顶径，即外螺纹大径和内螺纹小径；将与牙底相重合的螺纹直径统称为底径，即外螺纹小径和内螺纹大径。

（3）中径（D_2 或 d_2）　中径是一假想的圆柱体直径，该圆柱的母线通过螺纹上牙厚与牙槽宽相等的地方。D_2 和 d_2 分别表示内、外螺纹的中径。相互结合的内、外螺纹中径的公称尺寸相等，即 $D_2 = d_2$。

中径的大小决定了螺纹牙侧相对于轴线的径向位置。因此，中径是螺纹极限与配合中的主要参数之一。

（4）单一中径（D_{2s}、d_{2s}）　单一中径是一假想的圆柱体直径，该圆柱的母线通过实际螺纹上牙槽宽度等于半个基本螺距的地方，如图 8-2 所示。如果螺纹的螺距没有误差，其单一中径等于中径；如果螺纹的螺距有误差，其单一中径则不等于中径。通常把单一中径近似看作中径。

（5）螺距（P）和导程（Ph）　螺距是相邻两牙体上的对应牙侧与中径线相交两点间的轴向距离。导程是指最邻近的两同名牙侧（即处在同一螺旋面上的牙侧）与中径线相交两点间的轴向距离。对单线螺纹，导程等于螺距；对多线螺纹，导程等于螺距与螺纹线数的乘积，$Ph = nP$。

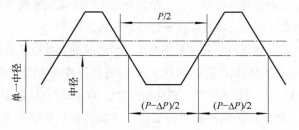

图 8-2　中径与单一中径

P—基本螺距；ΔP—螺距误差

螺距应按国家标准规定的系列选用，见表 8-1。普通螺纹的螺距分粗牙和细牙两类。

表 8-1　普通螺纹的基本尺寸（GB/T 196—2003，GB/T 193—2003）

公称直径 D，d		螺距 P	中径 D_2 或 d_2	小径 D_1 或 d_1	公称直径 D，d		螺距 P	中径 D_2 或 d_2	小径 D_1 或 d_1
第一系列	第二系列				第一系列	第二系列			
5		**0.8**	4.480	4.134			**2**	14.701	13.835
		0.5	4.675	4.459			1.5	15.026	14.374
6		**1**	5.350	4.917	16		1	15.350	14.917
		0.75	5.513	5.188			(0.75)	15.513	15.188
		(0.5)	5.675	5.459			0.5	15.675	15.459
	7	**1**	6.350	5.917			**2.5**	16.376	15.294
		0.75	6.513	6.188			2	16.701	15.835
8		**1.25**	7.188	6.647		18	1.5	17.026	16.376
		1	7.350	6.917			1	17.350	16.917
		0.75	7.513	7.188			(0.75)	17.513	17.188
		(0.5)	7.675	7.459			(0.5)	17.675	17.459
10		**1.5**	9.026	8.376			**2.5**	18.376	17.294
		1.25	9.188	8.647			2	18.701	17.835
		1	9.350	8.917	20		1.5	19.026	18.376
		0.75	9.513	9.188			1	19.350	18.917
		(0.5)	9.675	9.459			(0.75)	19.513	19.188
12		**1.75**	10.863	10.106			(0.5)	19.675	19.459
		1.5	11.026	10.376			**2.5**	20.376	19.294
		1.25	11.188	10.647			2	20.701	19.835
		1	11.350	10.917		22	1.5	21.026	20.376
		0.75	11.513	11.188			1	21.350	20.917
		(0.5)	11.675	11.459			(0.75)	21.513	21.188
	14	**2**	12.701	11.835			(0.5)	21.675	21.459
		1.5	13.026	12.376			**3**	22.051	20.752
		(1.25)	13.188	12.647			2	22.701	21.835
		1	13.350	12.917	24		1.5	23.026	22.376
		(0.75)	13.513	13.138			1	23.350	22.917
		(0.5)	13.675	13.459			(0.75)	23.513	23.188

注：1. 优先选用第一系列直径，其次选择第二系列直径。

2. 用黑体字表示的螺距为粗牙。

(6) 牙型角（α）和牙侧角（β）　牙型角是指在螺纹牙型上相邻两牙侧间的夹角。普通螺纹理论牙型角 $\alpha = 60°$。牙侧角是指在螺纹牙型上，一个牙侧与垂直于螺纹轴线平面间的夹角。可以用 β_1 表示左牙侧角，β_2 表示右牙侧角。普通螺纹的公称牙侧角 $\beta_1 = \beta_2 = 30°$。

(7) 螺纹旋合长度（l_E）　螺纹旋合长度是指两个配合螺纹的有效螺纹相互接触的轴向长度。

(8) 作用中径　在规定的旋合长度内，恰好包容（没有过盈或间隙）实际螺纹牙侧的一个假想理想螺纹的中径。该理想螺纹具有基本牙型，并且包容时与实际螺纹在牙顶和牙底处不发生干涉。

(9) 螺纹升角（φ）　螺纹升角是指在中径圆柱上，螺旋线的切线与垂直于螺纹轴线的平面的夹角。

(10) 最大实体牙型　最大实体牙型是指由设计牙型和各直径的基本偏差及公差决定的最大实体状态下的螺纹牙型。

(11) 最小实体牙型　最小实体牙型是指由设计牙型和各直径的基本偏差及公差决定的最小实体状态下的螺纹牙型。

8.2　普通螺纹几何参数对互换性的影响

螺纹连接的互换性要求是指装配过程中的可旋合性以及使用过程中连接的可靠性。

影响螺纹互换性的参数有五个，即螺纹的大径、中径、小径、螺距和牙侧角。由于螺纹的大径和小径处均留有间隙，一般不会影响其配合性质，而内、外螺纹连接是依靠它们旋合以后牙侧面接触的均匀性来实现的。因此，影响螺纹互换性的主要参数是螺距、牙侧角和中径。

在讨论螺距、牙侧角误差对互换性的影响之前，我们先来了解中径当量的概念。

中径当量是由螺距偏差和（或）牙侧角偏差引起的作用中径的变化量，通常利用螺纹指示规的差示检验法进行测量。对外螺纹，中径当量是正值；对内螺纹，其中径当量是负值。中径当量也可细分为"螺距偏差的中径当量"和"牙侧角偏差的中径当量"。

(1) 螺距误差对互换性的影响　螺距误差使内外螺纹的结合发生干涉，不但影响旋合性，而且在旋合长度内使实际接触的牙数减少，影响螺纹连接的可靠性。螺距误差包括螺距偏差 ΔP（螺距的实际值与其基本值之差）和累积螺距偏差 ΔP_Σ（在规定的螺纹长度内，任意两牙体间的实际累积螺距值与其基本累积螺距值之差中绝对值最大的那个偏差），前者与旋合长度无关，后者与旋合长度有关。其中累积螺距偏差是影响螺纹互换性的主要参数。

螺距偏差可以换算成中径的补偿值，称为螺距偏差的中径当量，用 f_P 表示。假设内螺纹为理想牙型，外螺纹的螺距有误差，为了保证旋合性，外螺纹的中径必须减小 $|f_P|$；同理，如果外螺纹为理想牙型，内螺纹的螺距有误差，则为了保证旋合性，内螺纹的中径必须增加 $|f_P|$。也就是说作用中径等于实际中径加上螺距偏差的中径当量。

(2) 牙侧角误差对互换性的影响　牙侧角误差使内、外螺纹旋合时发生干涉，影响旋合性，并使螺纹接触面积减小，从而降低连接强度。牙侧角偏差 $\Delta\beta$（牙侧角的实际值与其基本值之差）也可以换算成中径的补偿值，称为牙侧角偏差的中径当量，用 f_β 表示。

假设内螺纹为理想牙型，外螺纹的牙侧角有误差，为了保证旋合性，外螺纹的中径必须减小 $|f_\theta|$；同理，如果外螺纹为理想牙型，内螺纹的牙侧角有误差，则为了保证旋合性，内螺纹的中径必须增加 $|f_\theta|$。也就是说作用中径等于实际中径加上牙侧角偏差的中径当量。

综上，螺距和牙侧角的误差可以看成是螺纹的形状误差。由于此形状误差的存在，使得外螺纹的作用中径增大，内螺纹的作用中径减小，即作用中径等于中径实际尺寸加上螺距偏差的中径当量和牙侧角偏差的中径当量。

(3) 螺纹中径误差对互换性的影响　螺纹中径在制造过程中不可避免地会出现一定的误差，螺纹中径误差是指中径实际尺寸与中径基本尺寸的代数差。当外螺纹的中径大于内螺纹的中径时，会影响螺纹的旋合性；反之，若外螺纹的中径小于内螺纹的中径时，则配合太松，影响螺纹连接强度的可靠性和紧密性。另外内螺纹中径过大、外螺纹中径过小，也会影响内、外螺纹的机械强度。因此中径误差必须加以限制。

(4) 大径和小径误差对互换性的影响　由于螺纹旋合后主要接触面是牙侧，螺纹的牙顶和牙底之间一般不接触，因此大径和小径的误差对螺纹互换性的影响较小。

综上所述，在影响螺纹互换性的五个参数中，除了大径和小径外，螺距偏差和牙侧角偏差均可换算成中径的补偿值。因此，国家标准只规定了中径公差，而没有单独规定螺距公差和牙侧角公差，通过中径公差综合控制中径误差、螺距误差和牙侧角误差三个参数。所以，中径公差也可以称为螺纹的综合公差。

8.3　普通螺纹的极限与配合

GB/T 197—2018 对普通螺纹公差带大小(取决于公差等级)和公差带位置(取决于基本偏差)进行了标准化，规定了各种螺纹公差带。螺纹的配合由内、外螺纹的公差带决定。考虑到旋合长度对螺距累积误差的影响，螺纹精度是由螺纹公差和旋合长度共同决定的。图 8-3 示出了普通螺纹精度的决定要素。

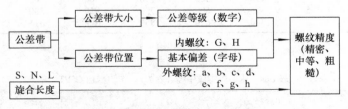

图 8-3　普通螺纹精度的决定要素

8.3.1　普通螺纹的公差带

螺纹公差带与尺寸公差带一样，也是由其大小(公差等级)和相对于基本牙型的位置(基本偏差)组成的。

（1）普通螺纹的公差等级　螺纹公差带的大小由公差值确定，并按公差值的大小分为若干等级。国标规定了内外螺纹中径公差（T_{D2}、T_{d2}）、内螺纹小径公差（T_{D1}）和外螺纹大径公差（T_d），见表 8-2。

内外螺纹中径和顶径公差等级中，3 级最高，9 级最低，6 级为基本级。考虑到内螺纹加工较困难，所以在同一公差等级中，内螺纹的中径公差 T_{D2} 比外螺纹的中径公差 T_{d2} 大 32%左右。

表 8-2　螺纹公差等级

项目	内螺纹		外螺纹	
螺纹直径	中径 D_2	小径（顶径）D_1	中径 d_2	大径（顶径）d
公差等级	4、5、6、7、8	4、5、6、7、8	3、4、5、6、7、8、9	4、6、8

内螺纹大径 D 和外螺纹小径 d_1 属限制性尺寸，没有规定具体的公差值，而只是规定内外螺纹牙底实际轮廓的任何点，均不得超越按基本偏差确定的最大实体牙型。

内、外螺纹各等级的中径公差、顶径公差的公差值见表 8-3 和表 8-4。

表 8-3　内螺纹小径公差 T_{D1} 和外螺纹大径公差 T_d（摘自 GB/T 197—2018）　　μm

螺距 P/mm	内螺纹小径公差 T_{D1}					外螺纹大径公差 T_d		
	公差等级					公差等级		
	4	5	6	7	8	4	6	8
0.75	118	150	190	236	—	90	140	—
0.8	125	160	200	250	315	95	150	236
1	150	190	236	300	375	112	180	280
1.25	170	212	265	335	425	132	212	335
1.5	190	236	300	375	475	150	236	375
1.75	212	265	335	425	530	170	265	425
2	236	300	375	475	600	180	280	450
2.5	280	355	450	560	710	212	335	530
3	315	400	500	630	800	236	375	600
3.5	355	450	560	710	900	265	425	670
4	375	475	600	750	950	300	475	750
4.5	425	530	670	850	1060	315	500	800

表 8-4　内、外螺纹中径公差 T_{D2}、T_{d2}（摘自 GB/T 197—2018）　　μm

公称大径 D、d/mm		螺距 P/mm	内螺纹中径公差 T_{D2}					外螺纹中径公差 T_{d2}						
>	≤		公差等级					公差等级						
			4	5	6	7	8	3	4	5	6	7	8	9
5.6	11.2	0.75	85	106	132	170	—	50	63	80	100	125	—	—
		1	95	118	150	190	236	56	71	90	112	140	180	224
		1.25	100	125	160	200	250	60	75	95	118	150	190	236
		1.5	112	140	180	224	280	67	85	106	132	170	212	265

续表

公称大径 D、d/mm		螺距 P/mm	内螺纹中径公差 T_{D2}					外螺纹中径公差 T_{d2}						
			公差等级					公差等级						
>	≤		4	5	6	7	8	3	4	5	6	7	8	9
11.2	22.4	1	100	125	160	200	250	60	75	95	118	150	190	236
		1.25	112	140	180	224	280	67	85	106	132	170	212	265
		1.5	118	150	190	236	300	71	90	112	140	180	224	280
		1.75	125	160	200	250	315	75	95	118	150	190	236	300
		2	132	170	212	265	335	80	100	125	160	200	250	315
		2.5	140	180	224	280	355	85	106	132	170	212	265	335
22.4	45	1	106	132	170	212	—	63	80	100	125	160	200	250
		1.5	125	160	200	250	315	75	95	118	150	190	236	300
		2	140	180	224	280	355	85	106	132	170	212	265	335
		3	170	212	265	335	425	100	125	160	200	250	315	400
		3.5	180	224	280	355	450	106	132	170	212	265	335	425
		4	190	236	300	375	475	112	140	180	224	280	355	450
		4.5	200	250	315	400	500	118	150	190	236	300	375	475

（2）普通螺纹的基本偏差　　螺纹的基本牙型是计算螺纹偏差的基准，内、外螺纹的公差带相对于基本牙型的位置，与圆柱体的公差带位置一样，由基本偏差来确定。对于外螺纹，基本偏差是上极限偏差（es）；对于内螺纹，基本偏差是下极限偏差（EI）。

国家标准对内螺纹规定了代号为 G、H 的两种基本偏差（图 8-4），对外螺纹规定了代号为 a、b、c、d、e、f、g、h 的八种基本偏差（图 8-5）。各基本偏差的数值按一定的公式计算，其中 H、h 的基本偏差为 0，G 的基本偏差为正值，a、b、c、d、e、f、g 的基本偏差为负值，见表 8-5。

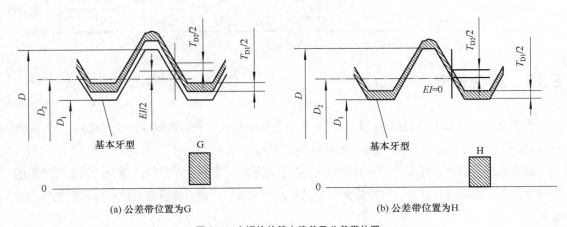

（a）公差带位置为 G　　　　　　　　　　　　（b）公差带位置为 H

图 8-4　内螺纹的基本偏差及公差带位置

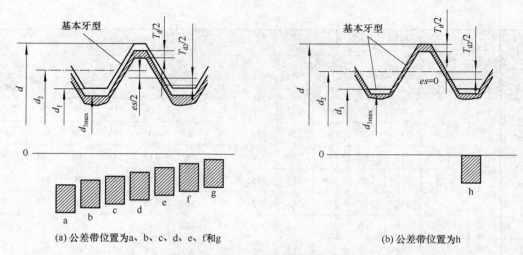

(a) 公差带位置为a、b、c、d、e、f和g   (b) 公差带位置为h

图 8-5   外螺纹的基本偏差及公差带位置

表 8-5   内、外螺纹的基本偏差(摘自 GB/T 197—2018)

螺距 P/mm	基本偏差/μm									
	内螺纹		外螺纹							
	G	H	a	b	c	d	e	f	g	h
	EI		es							
0.75	+22						−56	−38	−22	
0.8	+24						−60	−38	−24	
1	+26		−290	−200	−130	−85	−60	−40	−26	
1.25	+28		−295	−205	−135	−90	−63	−42	−28	
1.5	+32	0	−300	−212	−140	−95	−67	−45	−32	0
1.75	+34		−310	−220	−145	−100	−71	−48	−34	
2	+38		−315	−225	−150	−105	−71	−52	−38	
2.5	+42		−325	−235	−160	−110	−80	−58	−42	
3	+48		−335	−245	−170	−115	−85	−63	−48	

8.3.2   旋合长度

　　根据螺纹的基本大径和螺距,国标规定了三组旋合长度,分别为短旋合长度(S)、中等旋合长度(N)和长旋合长度(L)。各组的长度范围见表 8-6。

　　螺纹的旋合长度与螺纹的精度密切相关。当公差等级一定时,旋合长度越长,加工时产生的牙侧角偏差和螺距累计误差就可能越大,加工也就越困难。因此,衡量螺纹的精度必须包括旋合长度。

表 8-6　螺纹的旋合长度(摘自 GB/T 197—2018)　　　　mm

公称大径 D、d		螺距 P	旋合长度			
			S	N		L
>	≤		≤	>	≤	>
5.6	11.2	0.75	2.4	2.4	7.1	7.1
		1	3	3	9	9
		1.25	4	4	12	12
		1.5	5	5	15	15
11.2	22.4	1	3.8	3.8	11	11
		1.25	4.5	4.5	13	13
		1.5	5.6	5.6	16	16
		1.75	6	6	18	18
		2	8	8	24	24
		2.5	10	10	30	30
22.4	45	1	4	4	12	12
		1.5	6.3	6.3	19	19
		2	8.5	8.5	25	25
		3	12	12	36	36
		3.5	15	15	45	45
		4	18	18	53	53
		4.5	21	21	63	63

8.3.3　普通螺纹的公差带选用

普通螺纹的精度等级分为精密级、中等级和粗糙级三种。一般机械、仪器和构件选择中等级精度;要求配合性质变动较小的选择精密级精度;要求不高或制造困难的选择粗糙级精度。

在生产中,为了减少刀具、量具的规格和数量,对公差带的种类应加以限制。标准规定了常用公差带,如表 8-7 和表 8-8 所示。除了有特殊要求,不应选择标准规定以外的公差带。如果不知道螺纹旋合长度的实际值,推荐按中等旋合长度选取螺纹公差带。

表 8-7　内螺纹的推荐公差带(摘自 GB/T 197—2018)

精度	公差带位置 G			公差带位置 H		
	S	N	L	S	N	L
精密	—	—	—	4H	5H	6H
中等	(5G)	**6G**	(7G)	**5H**	6H	**7H**
粗糙	—	(7G)	(8G)	—	7H	8H

注: 公差带优先选用顺序为: 粗字体公差带、一般字体公差带、括号内公差带。带方框的粗字体公差带用于大量生产的紧固件螺纹。

表 8-8　外螺纹的推荐公差带(摘自 GB/T 197—2018)

精度	公差带位置 e			公差带位置 f			公差带位置 g			公差带位置 h		
	S	N	L	S	N	L	S	N	L	S	N	L
精密	—	—	—	—	—	—	—	(4g)	(5g 4g)	(3h 4h)	**4h**	(5h 4h)
中等	—	**6e**	(7e 6e)	—	**6f**	—	(5g 6g)	6g	(7g 6g)	(5h 6h)	6h	(7h 6h)
粗糙	—	(8e)	(9e 8e)	—	—	—	—	8g	(9g 8g)	—	—	—

注：公差带优先选用顺序为：粗字体公差带、一般字体公差带、括号内公差带。带方框的粗字体公差带用于大量生产的紧固件螺纹。

表 8-7 和表 8-8 中所列的内螺纹公差带和外螺纹公差带可以任意组成各种配合。为了保证足够的接触高度，内、外螺纹最好组成 H/g、H/h、G/h 的配合。选择时主要考虑以下几种情况。

(1)为了保证旋合性，内、外螺纹应具有较高的同轴度，并有足够的接触高度和结合强度，通常采用最小间隙为零的 H/h 配合。

(2)对用于经常拆卸、工作温度高或需涂镀的螺纹，通常采用 H/g 或 G/h 具有保证间隙的配合。

(3)需要镀层的螺纹，其基本偏差按所需镀层厚度确定。当内外螺纹均需要涂镀时，则采用 G/e 或 G/f 的配合。

(4)对于公称直径小于或等于 1.4mm 的螺纹，应采用 5H/6h、4H/6h 或更精密的配合。

8.3.4　普通螺纹在图样上的标注

完整的螺纹标记依次由螺纹特征代号 M、尺寸代号、公差带代号和旋合长度代号、旋向代号组成，各项之间用符号"-"分开。

(1)螺纹特征代号　螺纹特征代号用字母"M"表示。

(2)尺寸代号　单线螺纹的尺寸代号为"公称直径×螺距"，公称直径和螺距数值的单位为 mm，对粗牙螺纹，螺距可以不标注。多线螺纹的尺寸代号为"公称直径×Ph 导程 P 螺距"，公称直径、导程和螺距数值的单位为 mm。

例如：M8×1 表示公称直径为 8mm、螺距为 1mm 的单线细牙螺纹；M8 表示公称直径为 8mm、螺距为 1.25mm 的单线粗牙螺纹；M16×Ph3P1.5 表示公称直径为 16mm、螺距为 1.5mm 且导程为 3mm 的双线螺纹。

(3)公差带代号　公差带代号包括中径公差带和顶径公差带代号(中径公差带在前)。如果中径公差带代号和顶径公差带代号相同，则只需标注一个公差带代号。

(4)螺纹旋合长度代号　对短旋合长度和长旋合长度组的螺纹，应在公差带代号后标注"S"和"L"，不标注时表示中等旋合长度"N"。

(5)旋向代号　对左旋螺纹应在旋合长度后标注"LH"代号，右旋不标注旋向代号。

螺纹标记示例：

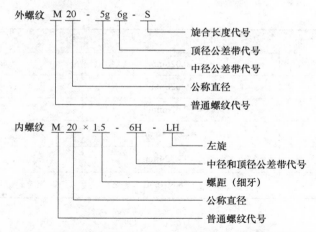

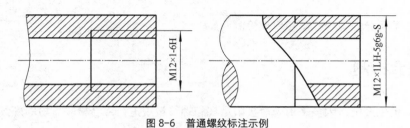

图 8-6　普通螺纹标注示例

(6) 在零件图上，标注时应将规定标记注写在尺寸线或尺寸线的延长线上，尺寸界限从螺纹大径引出，如图 8-6 所示。

(7) 在装配图上，标注内、外螺纹的配合要求时，应将内螺纹公差带代号写在前、外螺纹公差带代号写在后，中间用斜线分开，如 M20×2-6H/5g6g。

【例 8-1】　有一 M20×1-6g 的外螺纹，查表确定各参数的极限偏差和极限尺寸。

解：螺纹的公称直径（大径）为 $d=20$mm。查表 8-1，螺纹的中径为 $d_2=19.350$mm，螺纹的小径为 $d_1=18.917$mm。

该外螺纹中径和大径的公差带代号均为 6g，亦即它们的公差等级均为 6 级、基本偏差均为 g。查表 8-3～表 8-5 可得到它们的基本偏差和公差分别为

中径和大径的基本偏差　　$es=-0.026$mm

中径公差　　$T_{d2}=0.118$mm

大径公差　　$T_d=0.180$mm

据此可确定出其他极限偏差和极限尺寸。有关参数的最后结果见表 8-9。

表 8-9　例题 8-1 计算表

内容	参数	结果
公称尺寸	大径	$d=20$mm
	中径	$d_2=19.350$mm
	小径	$d_1=18.917$mm

续表

内容	参数	结果	
极限偏差	大径	$es = -0.026\text{mm}$	$ei = -0.206\text{mm}$
	中径	$es = -0.026\text{mm}$	$ei = -0.144\text{mm}$
	小径	$es = -0.026\text{mm}$	按牙底形状
极限尺寸	大径	$d_{max} = 19.974\text{mm}$	$d_{min} = 19.794\text{mm}$
	中径	$d_{2max} = 19.324\text{mm}$	$d_{2min} = 19.206\text{mm}$
	小径	$d_{1max} = 18.891\text{mm}$	牙底轮廓不超出 $H/8$ 削平线

8.4　螺纹检测

螺纹的检测可分为综合检测和单项检测两类。

8.4.1　综合检测

在螺纹成批生产中，大多采用光滑极限量规和螺纹量规进行综合检验。检验螺纹顶径时采用光滑极限量规，检验其作用中径和底径的合格性时采用螺纹量规，并遵循"泰勒原则"。

同光滑极限量规一样，螺纹量规也分为通规和止规。螺纹通规控制被测螺纹的作用中径不超出最大实体牙型的中径（d_{2max} 或 D_{2min}），同时控制外螺纹小径和内螺纹大径不超出其最大实体尺寸（d_{1max} 或 D_{1min}）。通规应具有完整的牙型，其长度等于被检验螺纹的旋合长度。螺纹止规控制被测螺纹的单一中径不超出最小实体牙型的中径（d_{2min} 或 D_{2max}），其牙型为截短牙型，为减少螺距误差和牙型半角误差对检验结果的影响，只有几个牙。

若螺纹通规在旋合长度内与被检螺纹顺利旋和，而螺纹止规不能通过被检螺纹（允许旋进最多 2~3 牙），则被检螺纹合格。也就是说，对于一般标准螺纹，在测量外螺纹时，如果螺纹"通端"环规正好旋进，而"止端"环规旋不进，则说明被检螺纹的作用中径、底径和单一中径均合格，所加工的螺纹符合要求；反之就不合格，如图 8-7 所示。测量内螺纹时，采用螺纹塞规，以相同的方法进行测量，如图 8-8 所示。所以采用光滑极限量规和螺纹量规可综合检验内外螺纹的顶径、作用中径、底径和单一中径是否合格。

螺纹综合检验只能评定内、外螺纹的合格性，不能测出实际参数的具体数值，但检验效率高，适用于批量生产的中等精度的螺纹。

8.4.2　单项检测

单项检测即对螺纹的各项参数分别进行测量，通常主要测量的参数有螺纹中径、螺距和牙侧

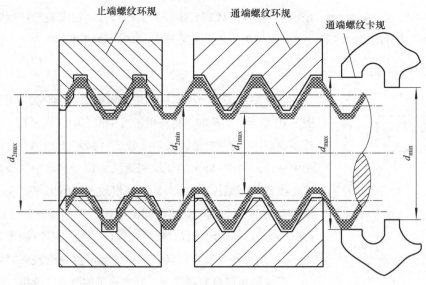

图 8-7　环规检验外螺纹

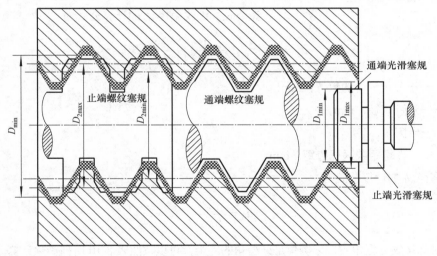

图 8-8　塞规检验内螺纹

角。单项检测主要用于检查精密螺纹及分析各个参数误差的产生原因。常用的方法有螺纹千分尺测量、三针测量和工具显微镜测量。

8.4.2.1　螺纹千分尺测量

螺纹千分尺一般用来测量三角螺纹的中径，如图 8-9 所示。其结构和使用方法与外径千分尺相同，有两个和螺纹牙型角相同的测量触头，一个呈圆锥体，另一个呈凹槽状（有一系列的测量触头可供不同的牙型角和螺距选用）。测量时，将螺纹千分尺的两

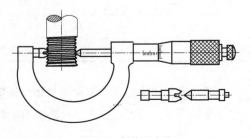

图 8-9　螺纹千分尺

个触头卡在螺纹的牙型面上，所得的读数就是该螺纹中径的实际尺寸。由于被检测螺纹的牙侧角误差的影响，并且测量时容易发生偏斜现象，因此螺纹千分尺的测量精度不高。

8.4.2.2 三针测量

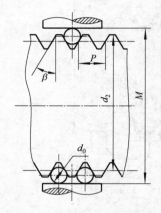

图 8-10 三针法测量螺纹中径

三针测量法是一种间接测量精密螺纹（如丝杠）中径的方法，如图 8-10 所示。测量时，将三根精度很高、相同直径（d_0）的量针放在被测螺纹的沟槽中（量针的精度分成 0 级和 1 级两种，0 级用于测量中径公差为 4～8μm 的螺纹塞规；1 级用于测量中径公差大于 8μm 的螺纹塞规或螺纹工件），其中两根放在同侧相邻的沟槽里，另一根放在对面与之相对应的中间沟槽内，用测量外尺寸的计量器具（如千分尺、机械比较仪、光学比较仪、测长仪等）测量螺纹的螺距 P、牙侧角 β 和量针直径 d_0，通过计算间接得到被测螺纹中径 d_2。

三针测量法具有精度高、方法简单的特点，选用 0 级量针和四等量块在光学比较仪上测量，其测量误差可控制在 ±1.5μm 以内。

（1）计算公式。螺纹中径 d_2 的计算公式为

$$d_2 = M - d_0\left(1 + \frac{1}{\sin\beta}\right) + \frac{P}{2}\cot\beta \tag{8-1}$$

式中　M——千分尺测得的数值，mm；

d_0——量针直径，mm；

β——牙侧角，(°)；

P——工件螺距或蜗杆齿距，mm。

量针直径 d_0 的计算公式为

$$d_0 = \frac{P}{2\cos\beta} \tag{8-2}$$

已知对称螺纹牙型角时，牙侧角是牙型角的一半，可以按照表 8-10 所列简化计算公式。

表 8-10 量针直径 d_0 的简化计算公式

螺纹牙型角 α/(°)	简化计算公式	螺纹牙型角 α/(°)	简化计算公式
60	$d_0 = 0.577P$	30	$d_0 = 0.518P$
55	$d_0 = 0.564P$	29	$d_0 = 0.516P$
40	$d_0 = 0.533P$		

通常螺纹的中径尺寸都可以从螺纹标准中查到或在加工图样上直接注明，所以只要将式(8-1)移项变换一下，便可得到千分尺应测得的读数 M 的计算式。

$$M = d_2 + d_0 \left(1 + \frac{1}{\sin \beta} \right) - \frac{P}{2} \cot \beta \qquad (8\text{-}3)$$

当已知对称螺纹牙型角时，也可以按照表 8-11 所列简化计算公式。

表 8-11　M 值的简化计算公式

螺纹牙型角 $\alpha/(°)$	简化计算公式	螺纹牙型角 $\alpha/(°)$	简化计算公式
60	$M = d_2 + 3d_0 - 0.866P$	30	$M = d_2 + 4.864d_0 - 1.866P$
55	$M = d_2 + 3.166d_0 - 0.960P$	29	$M = d_2 + 4.994d_0 - 1.933P$
40	$M = d_2 + 3.924d_0 - 1.374P$		

（2）三针法测量普通螺纹时的 M 值见表 8-12。

表 8-12　三针法测量普通螺纹时的 M 值

螺纹公称直径 d/mm	螺距 P/mm	量针直径 d_0/mm	千分尺应测得的读数 M/mm
1.0	0.2	0.118	1.051
1.0	0.25	0.142	1.047
1.2	0.2	0.118	1.251
1.2	0.25	0.142	1.247
1.4	0.2	0.118	1.451
1.4	0.3	0.170	1.455
1.7	0.2	0.118	1.751
1.7	0.5	0.201	1.773
2.0	0.25	0.142	2.047
2.0	0.4	0.232	2.090
2.3	0.25	0.142	2.347
2.3	0.4	0.232	2.390
…	…	…	…
36	1	0.572	36.200
36	1.5	0.866	36.325
36	2	1.157	36.440

8.4.2.3　工具显微镜测量

工具显微镜可进行一般的长度和角度测量，尤其适用于测量外形复杂的工件，如螺纹样板、刀具、冲模等。工具显微镜可分为小型、大型、万能（附件较多、精度较高）和重型（主要测量大型工件）四种，较新型的工具显微镜还带有微处理器和数显装置，其读数精度和测量效率都很高。虽然它们的测量精度和测量范围不同，但基本原理和基本特点却是一样的。在工具显微镜上测量螺纹参数的方法有影像法、轴切法、干涉法等，其中影像法应用广泛。

👥 思考题与习题

一、判断题

1. 螺距误差和牙侧角误差总是使外螺纹的作用中径增大，使内螺纹的作用中径减小。（　　）

2. 对于普通螺纹，国标除了规定中径的公差，还规定了螺距和牙侧角的公差。（　　）

3. 普通螺纹的中径公差，可以同时限制中径、螺距、牙侧角三个参数的误差。（　　）

4. 螺纹中径是影响螺纹互换性的主要参数。（　　）

5. 普通螺纹的配合精度只与螺纹的公差等级有关。（　　）

二、选择题

1. 可以用普通螺纹中径公差限制_____。

A. 大径误差 　　　　　　　　　B. 牙侧角误差 　　　　　C. 小径误差

2. _____是内螺纹的公称直径。

A. 内螺纹大径的公称尺寸 　　　B. 内螺纹小径的公称尺寸 　　C. 内螺纹中径的公称尺寸

3. 普通螺纹的配合精度取决于_____。

A. 公差等级与基本偏差 　　　　　　　　　　　B. 基本偏差与旋合长度

C. 公差等级和旋合长度 　　　　　　　　　　　D. 公差等级、基本偏差和旋合长度

4. M20×2-7h6h-L，此螺纹标注中 6h 为_____。

A. 外螺纹大径公差带代号 　　　　　　　　　　B. 外螺纹小径公差带代号

C. 内螺纹中径公差带代号 　　　　　　　　　　D. 外螺纹中径公差带代号

三、简答题

1. 影响螺纹互换性的参数有哪几个？

2. 如何确定外螺纹和内螺纹的作用中径？作用中径的合格条件是什么？

3. 一对螺纹配合代号为 M20×2-6H/5g6g，试查表确定外螺纹中径、大径和内螺纹中径、小径的公差、极限偏差和极限尺寸。

4. 试说明下列螺纹标记中各代号的含义。

（1）M20-6H;

（2）M36-5g6g-L;

（3）M30×2-6H/5g6g;

（4）M20×1.5-7H-LH。

第 9 章
渐开线圆柱齿轮精度

【学习目标和要求】

  1. 了解齿轮传动的四项使用要求。

  2. 理解单个齿轮及齿轮副的偏差项目。

  3. 了解齿轮偏差的检验项目。

  4. 了解齿轮及齿轮副的精度要求。

  5. 了解齿坯的精度要求。

  齿轮精度项目多，内容比较复杂。通过一个齿轮精度设计的实例，对本章进行系统的梳理和总结，希望能搞清齿轮及齿轮副的偏差项目的实质和异同，并能正确选用齿轮的精度等级、确定检验项目及其允许值、确定齿厚极限偏差、选用齿轮坯公差及各表面粗糙度，并正确标注在齿轮工作图上。

9.1 概述

  在机械产品中，齿轮传动的应用极为广泛。凡有齿轮传动的机器或仪器，其工作性能、承载能力、使用寿命及工作精度等都与齿轮本身的制造精度有密切关系。因此，研究齿轮误差对使用性能的影响，探讨提高齿轮加工精度和测量精度的途径，并制定出相应的精度标准，有重要意义。本章主要介绍渐开线圆柱齿轮的精度设计及其检测方法。

9.1.1 对齿轮传动的使用要求

  各种机械上所用的齿轮，对齿轮传动的使用要求可分为传动精度和齿侧间隙两个方面，归纳起来主要有以下四项。

  (1) 传递运动的准确性（运动精度） 传递运动的准确性就是要求从动轮与主动轮运动协调一致，即齿轮在一转范围内传动比的变化尽量小。要求齿轮在一转范围内实际传动比 i_R 相对于理论传动比 i_i 的变动量$\Delta i\Sigma$（一转过程中产生的最大转角误差）应限制在允许的范围内，见图 9-1、图 9-2。

  (2) 传递运动的平稳性（平稳性精度） 传递运动的平稳性要求瞬时传动比的变化幅度小。由于齿轮齿廓制造误差，在一对轮齿啮合过程中，传动比发生瞬时的高频突变。传动比的这种小周期的变化将引起齿轮传动产生冲击、振动和噪声等现象，影响平稳传动的质量，必须加以控制。传动的平稳性就是要求齿轮传动在一齿范围内瞬时传动比的变化尽量小，Δi（一齿范围内产生的最大转角误差）限制在允许范围内（图 9-1、图 9-2），以保证低噪声、低冲击和较小振动。

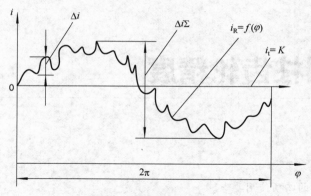

图 9-1 齿轮传动比的变化

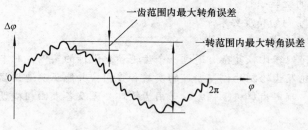

图 9-2 齿轮转角误差

（3）载荷分布的均匀性（接触精度） 载荷分布的均匀性就是要求传动时工作齿面接触良好，在全齿宽上载荷分布均匀，避免载荷集中于局部区域引起应力集中，造成局部过早磨损，以提高齿轮的使用寿命。

（4）齿侧间隙的合理性 要求齿轮啮合时，非工作齿面应具有一定的间隙，即齿侧间隙（图 9-3）。这个间隙对于储存润滑油，补偿齿轮传动受力后的弹性变形、热膨胀，以及补偿齿轮及轮齿装置其他元件的制造误差、装配误差都是必要的。否则齿轮在传动过程中可能卡死或烧伤，不能保证齿轮的正常传动。但是，侧隙也不宜过大，对于经常需要正反转的传动齿轮副，侧隙过大会引起换向冲击，产生空程，所以应合理确定侧隙的数值。

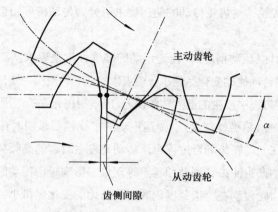

图 9-3 齿侧间隙

不同用途和不同工作条件下的齿轮，对上述四项要求的侧重点是不同的。

用于测量仪器的读数齿轮和精密结构的分度齿轮，其特点是传递功率小、模数小和转速低，主要要求是传递运动要准确，侧隙要尽量小，以避免由此引起的回程误差，对传动平稳性、载荷分布均匀性一般没有较高的要求。

对于高速动力齿轮，如汽轮机中的高速齿轮，三个方面的精度要求都是很严格的，而且要有足够大的侧隙以满足润滑需要。

对于低速动力齿轮，如轧钢机、矿山机械和起重机用的齿轮，其特点是载荷大、传动功率大、转速低，主要要求啮合齿面接触良好、载荷分布均匀，侧隙一般要求也大，而对传递运动的准确性及传递平稳性的要求，则相对地可以降低一些。

一般汽车、拖拉机及机床的变速齿轮，主要保证传动平稳性要求，以减小振动和噪声。

9.1.2　我国现行的齿轮精度标准

我国现行的齿轮精度国家标准有 GB/T 10095.1—2008《圆柱齿轮　精度制　第 1 部分：轮齿同侧齿面偏差的定义和允许值》，以单项偏差为基础，规定了齿距偏差、齿距累积偏差、齿距累积总偏差、齿廓总偏差、齿廓形状偏差、齿廓倾斜偏差、螺旋线总偏差、螺旋线形状偏差和螺旋线倾斜偏差，共 9 项单项指标。在 GB/T 10095.2—2008《圆柱齿轮　精度制　第 2 部分：径向综合偏差与径向跳动的定义和允许值》中提出了切向综合偏差（齿轮单面啮合测量参数）、径向综合偏差（双面啮合测量参数）、径向跳动等，但标准明确指出它们不是必检项目，因为它们都是出于某种目的（例如为检测方便、提高检测效率等）而派生出的替代项目。

另外，还有四个国家标准化指导性文件，属于《圆柱齿轮　检验实施规范》，包括四个部分。第 1 部分：GB/Z 18620.1—2008《轮齿同侧齿面的检验》；第 2 部分：GB/Z 18620.2—2008《径向综合偏差、径向跳动、齿厚和侧隙的检验》；第 3 部分：GB/Z 18620.3—2008《轮齿坯、轴中心距和轴线平行度的检验》；第 4 部分：GB/Z 18620.4—2008《表面结构和轮齿接触斑点的检验》。

9.2　单个齿轮的偏差项目

9.2.1　轮齿同侧齿面偏差

9.2.1.1　齿距偏差

（1）单个齿距偏差 f_{pt}　单个齿距偏差 f_{pt} 是指在端平面上，接近齿高中部的一个与齿轮轴线同心的圆上，实际齿距与理论齿距的代数差（图 9-4）。它主要影响运动平稳性。

单个齿距偏差 f_{pt} 应在其对应的极限偏差值范围内。

（2）齿距累积偏差 F_{pk}　齿距累积偏差 F_{pk} 是指任意 k 个齿距的实际弧长与理论弧长的代数差（图 9-4）。理论上它等于这 k 个齿距的各单个齿距偏差的代数和。

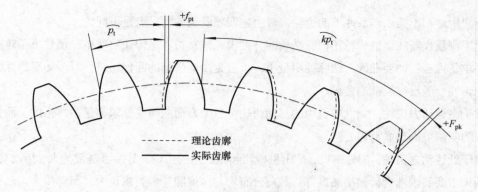

图 9-4　单个齿距偏差和齿距累积偏差

　　如果在较小齿数上的齿距累积偏差过大，则在实际工作中将产生很大的加速度，形成很大的动载荷，影响平稳性，尤其在高速齿轮传动中更应重视。除另外规定，F_{pk} 值被限制在不大于 1/8 的圆周上评定，因此 F_{pk} 的允许值适用于齿距数为 2 到 $z/8$ 的弧段内，通常 k 取 $z/8$。

　　齿距累积偏差 F_{pk} 应在其对应的极限偏差值范围内。

　　（3）齿距累积总偏差 F_p　　齿距累积总偏差 F_p 是指齿轮同侧齿面任意弧段（$k=1$ 至 $k=z$）内的最大齿距累积偏差。它表现为齿距累积偏差曲线的总幅值，可反映齿轮一转过程中传动比的变化，因此它影响齿轮传动的准确性。

　　齿距累积总偏差 F_p 应小于或等于其允许值。

9.2.1.2　齿廓偏差

　　齿廓偏差是指实际齿廓偏离设计齿廓的量，它是在端平面内且垂直于渐开线齿廓的方向计值。

　　（1）齿廓总偏差 F_α　　齿廓总偏差 F_α 指在计值范围内，包容实际齿廓迹线的两条设计齿廓迹线间的距离。

　　齿廓总偏差 F_α 应小于或等于其对应的公差值。

　　（2）齿廓形状偏差 $f_{f\alpha}$　　齿廓形状偏差 $f_{f\alpha}$ 是指在计值范围内，包容实际齿廓迹线的两条与平均齿廓迹线完全相同的曲线间的距离，且两条曲线与平均齿廓迹线的距离为常数。

　　齿廓形状偏差 $f_{f\alpha}$ 应小于或等于其对应的公差值。

　　（3）齿廓倾斜偏差 $f_{H\alpha}$　　齿廓倾斜偏差 $f_{H\alpha}$ 是指在计值范围内的两端与平均齿廓迹线相交的两条设计齿廓迹线间的距离。

　　齿廓倾斜偏差 $f_{H\alpha}$ 应在其对应的极限偏差值范围内。

9.2.1.3　螺旋线偏差

　　螺旋线偏差是在端面基圆切线方向上测得的实际螺旋线偏离设计螺旋线的量，螺旋线偏差应在其对应的公差或极限偏差的范围内。

　　（1）螺旋线总偏差 F_β　　螺旋线总偏差 F_β 是指在计值范围内，包容实际螺旋线迹线的两条设计螺旋线迹线间的距离。

　　（2）螺旋线形状偏差 $f_{f\beta}$　　螺旋线形状偏差 $f_{f\beta}$ 是指在计值范围内，包容实际螺旋线迹线的两条与平均螺旋线迹线完全相同的曲线间的距离，且两条曲线与平均螺旋线迹线的距离为常数。

（3）螺旋线倾斜偏差$f_{H\beta}$　螺旋线倾斜偏差$f_{H\beta}$是指在计值范围的两端与平均螺旋迹线相交的设计螺旋线迹线间的距离。

9.2.1.4　切向综合偏差

（1）切向综合总偏差F_i'　切向综合总偏差F_i'是指被测齿轮与测量齿轮单面啮合检验时，被测齿轮一转内，齿轮分度圆上实际圆周位移与理论圆周位移的最大差值（图 9-5）。

切向综合总偏差应在其公差范围内。

（2）一齿切向综合偏差f_i'　一齿切向综合偏差f_i'是指产品齿轮与测量齿轮单面啮合检验时，在一个齿距内的切向综合偏差值（图 9-5）。

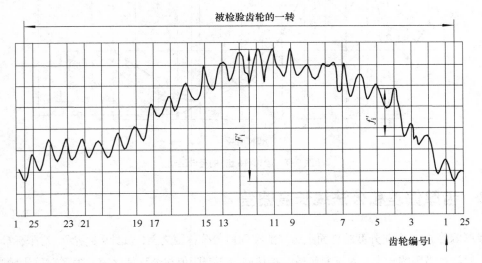

图 9-5　切向综合偏差

9.2.2　径向综合偏差与径向跳动

9.2.2.1　径向综合偏差

（1）径向综合总偏差F_i''　径向综合总偏差F_i''是在径向（双面）综合检验时，产品齿轮的左右齿面同时与测量的齿轮接触，并转过一整圈时出现的中心距最大值和最小值之差（图 9-6）。

（2）一齿径向综合偏差f_i''　一齿径向综合偏差f_i''是当产品齿轮啮合一整圈时，对应一个齿距（$360°/z$）的径向综合偏差值（图 9-6）。

9.2.2.2　径向跳动

齿轮径向跳动F_r是指测头（球形、圆柱形、砧形）相继置于每个齿槽内时，从它到齿轮轴线的最大和最小径向位置之差（图 9-7）。检查时，测头在近似齿高中部与左右齿面接触。其中，偏心量是径向跳动的主要部分。

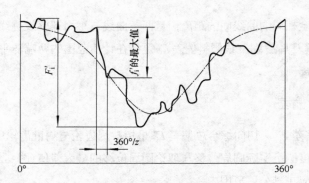

图 9-6 径向综合偏差

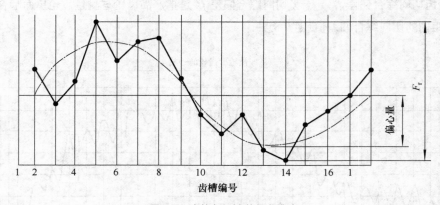

图 9-7 齿轮(16 齿)的径向跳动

9.2.3 齿厚偏差和公法线长度偏差

齿厚偏差 f_{sn} 是指在分度圆柱面上齿厚的实际值与公称值之差,如图 9-8 所示。对于标准齿轮,公称齿厚就是齿距的一半。对于斜齿轮,指法向齿厚实际值与公称值之差。为了获得齿轮啮合时的齿侧间隙,通常要减薄齿厚,齿厚偏差是反映齿轮副侧隙要求的一项指标。它不在上述标准的范围内,而是在 GB/Z 18620.2—2008 中介绍的。齿厚通常用齿轮游标卡尺测量,见图 9-9。

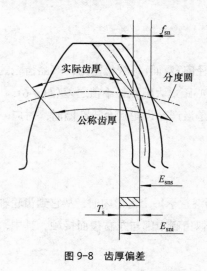

图 9-8 齿厚偏差

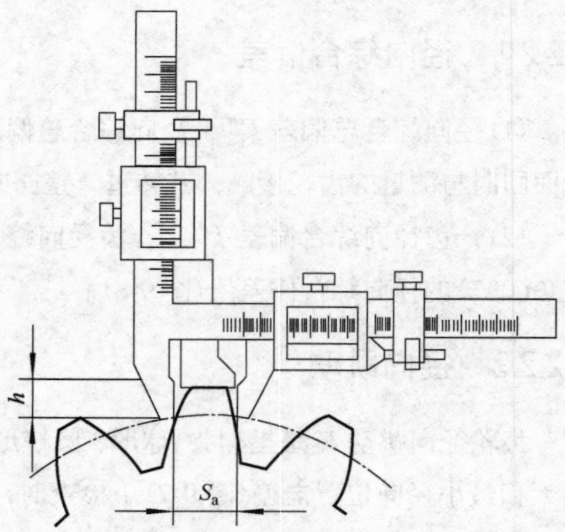

图 9-9 用齿厚游标卡尺测量弦齿厚

由于测量齿厚时需要以齿顶圆为基准，齿顶圆的直径偏差和径向跳动会影响测量结果，因此常用公法线平均长度偏差等项目来代替齿厚偏差的测量。

公法线平均长度偏差 ΔE_{wm} 是指在齿轮一转范围内，各部位的公法线长度的平均值与公称值之差。公法线常用公法线千分尺或公法线长度指示卡规等测量，测量方法简单、可靠，生产中应用较普遍。

9.3　齿轮的精度等级及其应用

9.3.1　齿轮的精度等级

(1)轮齿同侧齿面的精度等级　GB/T 10095.1—2008 对轮齿同侧齿面偏差，即要素偏差(如齿距、齿廓、螺旋线等)和切向综合偏差的公差，规定了 13 个精度等级。其中 0 级精度最高，依次降低，12 级精度最低。

(2)径向综合偏差的精度等级　GB/T 10095.2—2008 对径向综合偏差 F_i'' 和一齿径向综合偏差 f_i'' 规定了 9 个精度等级，其中 4 级是最高级，12 级是最低级。适用的尺寸范围：分度圆直径 5～1000mm、模数(法向模数)0.2～10mm 的渐开线圆柱齿轮。

(3)径向跳动的精度等级　对于分度圆直径 5～1000mm、模数(法向模数)0.5～70mm 的渐开线圆柱齿轮的径向跳动，GB/T 10095.2—2008 在附录中推荐了 0、1、…、12 共 13 个精度等级。其中，0 级精度最高，12 级精度最低。

9.3.2　齿轮精度等级的选用

确定齿轮精度等级多采用类比法，即根据齿轮的用途、使用要求和工作条件，经过实践验证的类似产品的精度进行选用。选择时可参考表 9-1、表 9-2。

选择时应注意以下几点：

(1)了解各级精度应用的大体情况。在标准规定的 13 个精度等级中，0～2 级在目前加工条件下一般尚不能制造，称为有待发展的展望级；3～5 级为高精度等级；6～8 级为中等精度等级；9 级为较低精度等级；10～12 级为低精度等级。5 级精度是确定齿轮各项允许值计算式的基础级。

(2)根据使用要求，轮齿同侧齿面各项偏差的精度等级可以相同，也可以不同。

(3)径向综合总偏差、一齿径向综合偏差及径向跳动的精度等级应相同，但它们与轮齿同侧齿面偏差的精度等级可以相同，也可以不同。

表 9-1　各种机械采用的齿轮的精度等级

应用范围	精度等级	应用范围	精度等级
测量齿轮	3～5	拖拉机	6～10
汽轮减速器	3～6	一般用途的减速器	6～9

续表

应用范围	精度等级	应用范围	精度等级
金属切削机床	3~8	拖拉机、载重汽车	6~9
内燃机车与电气机车	6~7	轧钢设备的小齿轮	6~10
轻型汽车	5~8	矿用绞车	8~10
重型汽车	6~9	起重机机构	7~10
航空发动机	4~7	农业机械	8~11

表 9-2　各精度等级齿轮的适用范围

精度等级	工作条件与适用范围	圆周速度 /(m/s)		齿面的最后加工
		直齿	斜齿	
3	用于最平稳且无噪声的极高速下工作的齿轮；特别精密的分度机构齿轮；特别精密机械中的齿轮；控制机构齿轮；检测 5、6 级齿轮用的测量齿轮	至 40	至 75	特精密的磨齿和珩磨用精密滚刀滚齿或单边剃齿后的大多数不经淬火的齿轮
4	用于精密分度机构的齿轮；特别精密机械中的齿轮；高速透平齿轮；控制机构齿轮；检测 7 级齿轮用的测量齿轮	至 35	至 70	精密磨齿；大多数用精密滚刀滚齿和珩磨或单边剃齿
5	用于高平稳且低噪声的高速传动中的齿轮；精密机构中的齿轮；检测 8、9 级齿轮用的测量齿轮；重要的航空、船用齿轮箱齿轮	至 20	至 40	精密磨齿；大多数用精密滚刀加工，进而研磨或剃齿
6	用于高速下平稳工作、需要高效率及低噪声的齿轮；航空、汽车用齿轮；读数装置中的精密齿轮；机床传动链齿轮；机床传动齿轮	至 15	至 30	精密磨齿或剃齿
7	高速和适度效率或大功率级适当速度下工作的齿轮；机床变速箱进给齿轮；高速减速器的齿轮；起重机齿轮；汽车以及读数装置中的齿轮	至 10	至 15	无需热处理的齿轮，用精确刀具加工；对于淬硬齿轮必须精整加工（磨齿、研齿、珩齿）
8	一般机器中无特殊精度要求的齿轮；机床变速齿轮；汽车制造业中不重要的齿轮；冶金、起重机械齿轮；通用减速器的齿轮；农业机械中的重要齿轮	至 6	至 10	滚、插齿均可，不用磨齿；必要时剃齿或研齿
9	用于无精度要求的齿轮；因结构上考虑受载低于计算载荷的传动用齿轮；中载、低速不重要工作机械的传力齿轮；农机齿轮	至 2	至 4	不需要特殊的精加工工序

9.3.3　齿轮检验项目的选择

国家标准对齿轮本身的偏差项目共给出了 20 多种，其中有的属于单项测量，有的属于综合测量，标准规定以单项指标为主。由于各种偏差之间存在相关性和可替代性，标准对单个齿轮规定了三项强制检查项目：齿距类的偏差（齿距累积总偏差 F_p、齿距累积偏差 F_{pk}、单个齿距偏差 f_{pt}）、

齿廓总偏差 F_α、螺旋线总偏差 F_β，而其他项目都不是必检项目。

必检项目可以客观地评定齿轮的加工质量和齿轮制造水平，可采取双面啮合综合测量来代替单项测量；为了进一步分析齿廓总偏差 F_α 产生的原因，可检测齿廓形状偏差 $f_{f\alpha}$ 和齿廓倾斜偏差 $f_{H\alpha}$。正因为如此，对齿轮检验项目的选择不宜规定得太死，而应根据具体情况来确定，如齿轮检验的目的(终结检验还是工艺检验)、精度等级、切齿工艺、结构形式和尺寸、生产批量以及企业现有的测齿设备等。

根据我国多年的生产实践及目前齿轮生产的质量控制水平，建议供需双方根据齿轮的功能要求、生产批量和检测手段，在表 9-3 推荐的检验组中选取一个来评定齿轮的精度等级。

表 9-3　检验组(推荐)

检验组	检验项目偏差代号	适用等级
1	F_p、F_α、F_β、F_r、E_{sn} 或 E_{bn}	3～9
2	F_p 与 F_{pk}、F_α、F_β、F_r、E_{sn} 或 E_{bn}	3～9
3	F_p、f_{pt}、F_α、F_β、F_r、E_{sn} 或 E_{bn}	3～9
4	F_i''、f_i''、E_{sn} 或 E_{bn}	6～9
5	F_i'、f_i'、E_{sn} 或 E_{bn}	3～6
6	F_{pt}、F_r、E_{sn} 或 E_{bn}	10～12

9.3.4　偏差的允许值

在 GB/T 10095.1—2008 和 GB/T 10095.2—2008 两个标准中，对单个齿轮 14 项偏差的允许值都列出了计算公式，用这些公式计算出齿轮的极限偏差或公差，经过圆整后编制成表格，使用时可直接查表。表 9-4～表 9-7 分别为单个齿距偏差 f_{pt}、齿距累积总偏差 F_p、齿廓总偏差 F_α、螺旋线总偏差 F_β 的允许值。

表 9-4　单个齿距极限偏差 $\pm f_{pt}$ (摘自 GB/T 10095.1—2008)　　　　　　　　μm

分度圆直径 d/mm	法向模数 m/mm	精度等级									
		3	4	5	6	7	8	9	10	11	12
$5 \leqslant d \leqslant 20$	$0.5 \leqslant m \leqslant 2$	2.3	3.3	4.7	6.5	9.5	13.0	19.0	26.0	37.0	53.0
	$2 < m \leqslant 3.5$	2.6	3.7	5.0	7.5	10.0	15.0	21.0	29.0	41.0	59.0
$20 < d \leqslant 50$	$0.5 \leqslant m \leqslant 2$	2.5	3.5	5.0	7.0	10.0	14.0	20.0	28.0	40.0	56.0
	$2 < m \leqslant 3.5$	2.7	3.9	5.5	7.5	11.0	15.0	22.0	31.0	44.0	62.0
	$3.5 < m \leqslant 6$	3.0	4.3	6.0	8.5	12.0	17.0	24.0	34.0	48.0	68.0
	$6 < m \leqslant 10$	3.5	4.9	7.0	10.0	14.0	20.0	28.0	40.0	56.0	79.0

续表

分度圆直径 d/mm	法向模数 m/mm	精度等级									
		3	4	5	6	7	8	9	10	11	12
50<d≤125	0.5≤m≤2	2.7	3.8	5.5	7.5	11.0	15.0	21.0	30.0	43.0	61.0
	2<m≤3.5	2.9	4.1	6.0	8.5	12.0	17.0	23.0	33.0	47.0	66.0
	3.5<m≤6	3.2	4.6	6.5	9.0	13.0	18.0	26.0	36.0	52.0	73.0
	6<m≤10	3.7	5.0	7.5	10.0	15.0	21.0	30.0	42.0	59.0	84.0
	10<m≤16	4.4	6.5	9.0	13.0	18.0	25.0	35.0	50.0	71.0	100.0
	16<m≤25	5.5	8.0	11.0	16.0	22.0	31.0	44.0	63.0	89.0	125.0
125<d≤280	0.5≤m≤2	3.0	4.2	6.0	8.5	12.0	17.0	24.0	34.0	48.0	67.0
	2<m≤3.5	3.2	4.6	6.5	9.0	13.0	18.0	26.0	36.0	51.0	73.0
	3.5<m≤6	3.5	5.0	7.0	10.0	14.0	20.0	28.0	40.0	56.0	79.0
	6<m≤10	4.0	5.5	8.0	11.0	16.0	23.0	32.0	45.0	64.0	90.0
	10<m≤16	4.7	6.5	9.5	13.0	19.0	27.0	38.0	53.0	75.0	107
	16<m≤25	6.0	8.0	12.0	16.0	23.0	33.0	47.0	66.0	93.0	132
	25<m≤40	7.5	11.0	15.0	21.0	30.0	43.0	61.0	86.0	121	171
280<d≤560	0.5≤m≤2	3.3	4.7	6.5	9.5	13.0	19.0	27.0	38.0	54.0	76.0
	2<m≤3.5	3.6	5.0	7.0	10.0	14.0	20.0	29.0	41.0	57.0	81.0
	3.5<m≤6	3.9	5.5	8.0	11.0	16.0	22.0	31.0	44.0	62.0	88.0
	6<m≤10	4.4	6.0	8.5	12.0	17.0	25.0	35.0	49.0	70.0	99.0
	10<m≤16	5.0	7.0	10.0	14.0	20.0	29.0	41.0	58.0	81.0	115
	16<m≤25	6.0	9.0	12.0	18.0	25.0	35.0	50.0	70.0	99.0	140
	25<m≤40	8.0	11.0	16.0	22.0	32.0	45.0	63.0	90.0	127	180
	40<m≤70	11.0	16.0	22.0	31.0	45.0	63.0	89.0	126	178	252

表 9-5　齿距累积总偏差 F_p（摘自 GB/T 10095.1—2008）　　μm

分度圆直径 d/mm	法向模数 m/mm	精度等级									
		3	4	5	6	7	8	9	10	11	12
5≤d≤20	0.5≤m≤2	5.5	8.0	11.0	16.0	23.0	32.0	45.0	64.0	90.0	127
	2<m≤3.5	6.0	8.5	12.0	17.0	23.0	33.0	47.0	66.0	94.0	133
20<d≤50	0.5≤m≤2	7.0	10.0	14.0	20.0	29.0	41.0	57.0	81.0	115	162
	2<m≤3.5	7.5	10.0	15.0	21.0	30.0	42.0	59.0	84.0	119	168
	3.5<m≤6	7.5	11.0	15.0	22.0	31.0	44.0	62.0	87.0	123	174
	6<m≤10	8.0	12.0	16.0	23.0	33.0	46.0	65.0	93.0	131	185

续表

分度圆直径 d/mm	法向模数 m/mm	精度等级									
		3	4	5	6	7	8	9	10	11	12
50＜d≤125	0.5≤m≤2	9.0	13.0	18.0	26.0	37.0	52.0	74.0	104	147	208
	2＜m≤3.5	9.5	13.0	19.0	27.0	38.0	53.0	76.0	107	151	214
	3.5＜m≤6	9.5	14.0	19.0	28.0	39.0	55.0	78.0	110	156	220
	6＜m≤10	10.0	14.0	20.0	29.0	41.0	58.0	82.0	116	164	231
	10＜m≤16	11.0	15.0	22.0	31.0	44.0	62.0	88.0	124	175	248
	16＜m≤25	12.0	17.0	24.0	34.0	48.0	68.0	96.0	136	193	273
125＜d≤280	0.5≤m≤2	12.0	17.0	24.0	35.0	49.0	69.0	98.0	138	195	276
	2＜m≤3.5	12.0	18.0	25.0	35.0	50.0	70.0	100	141	199	282
	3.5＜m≤6	13.0	18.0	25.0	36.0	51.0	72.0	102	144	204	288
	6＜m≤10	13.0	19.0	26.0	37.0	53.0	75.0	106	149	211	299
	10＜m≤16	14.0	20.0	28.0	39.0	56.0	79.0	112	158	223	316
	16＜m≤25	15.0	21.0	30.0	43.0	60.0	85.0	120	170	241	341
	25＜m≤40	17.0	24.0	34.0	47.0	67.0	95.0	134	190	269	380
280＜d≤560	0.5≤m≤2	16.0	23.0	32.0	46.0	64.0	91.0	129	182	257	364
	2＜m≤3.5	16.0	23.0	33.0	46.0	65.0	92.0	131	185	261	370
	3.5＜m≤6	17.0	24.0	33.0	47.0	66.0	94.0	133	188	266	376
	6＜m≤10	17.0	24.0	34.0	48.0	68.0	97.0	137	193	274	387
	10＜m≤16	18.0	25.0	36.0	50.0	71.0	101	143	202	285	404
	16＜m≤25	19.0	27.0	38.0	54.0	76.0	107	151	214	303	428
	25＜m≤40	21.0	29.0	41.0	58.0	83.0	117	165	234	331	468
	40＜m≤70	24.0	34.0	48.0	68.0	95.0	135	191	270	382	540

表 9-6　齿廓总偏差 F_α（摘自 GB/T 10095.1—2008）　　　　　　μm

分度圆直径 d/mm	法向模数 m/mm	精度等级									
		3	4	5	6	7	8	9	10	11	12
5≤d≤20	0.5≤m≤2	2.3	3.2	4.6	6.5	9.0	13.0	18.0	26.0	37.0	52.0
	2＜m≤3.5	3.3	4.7	6.5	9.5	13	19	26	37	53	75
20＜d≤50	0.5≤m≤2	2.6	3.6	5.0	7.5	10	15	21	29	41	58
	2＜m≤3.5	3.6	5.0	7.0	10	14	20	29	40	57	81
	3.5＜m≤6	4.4	6.0	9.0	12	18	25	35	50	70	99
	6＜m≤10	5.5	7.5	11.0	15	22	31	43	61	87	123

续表

分度圆直径 d/mm	法向模数 m/mm	精度等级									
		3	4	5	6	7	8	9	10	11	12
50<d≤125	0.5≤m≤2	2.9	4.1	6.0	8.5	12	17	23	33	47	66
	2<m≤3.5	3.9	5.5	8.0	11	16	22	31	44	63	89
	3.5<m≤6	4.8	6.5	9.5	13	19	27	38	54	76	108
	6<m≤10	6.0	8.0	12.0	16	23	33	46	65	92	131
	10<m≤16	7.0	10.0	14	20	28	40	56	79	112	159
	16<m≤25	8.5	12.0	17	24	34	48	68	96	136	192
125<d≤280	0.5≤m≤2	3.5	4.9	7.0	10	14	20	28	39	55	78
	2<m≤3.5	4.5	6.5	9.0	13	18	25	36	50	71	101
	3.5<m≤6	5.5	7.5	11	15	21	30	42	60	84	119
	6<m≤10	6.5	9.0	13	18	25	36	50	71	101	143
	10<m≤16	7.5	11.0	15	21	30	43	60	85	121	171
	16<m≤25	9.0	13.0	18	25	36	51	72	102	144	204
	25<m≤40	11.0	15.0	22	31	43	61	87	123	174	246
280<d≤560	0.5≤m≤2	4.1	6.0	8.5	12	17	23	33	47	66	94
	2<m≤3.5	5.0	7.5	10	15	21	29	41	58	82	116
	3.5<m≤6	6.0	8.5	12	17	24	34	48	67	95	135
	6<m≤10	7.0	10.0	14	20	28	40	56	79	112	158
	10<m≤16	8.0	12.0	16	23	33	47	66	93	132	186
	16<m≤25	9.5	14.0	19	27	39	55	78	110	155	219
	25<m≤40	12.0	16.0	23	33	46	65	92	131	185	261
	40<m≤70	14.0	20.0	28	40	57	80	113	160	227	321

表 9-7　螺旋线总偏差 F_β（摘自 GB/T 10095.1—2008）　　　　μm

分度圆直径 d/mm	齿宽 b/mm	精度等级									
		3	4	5	6	7	8	9	10	11	12
5≤d≤20	4≤b≤10	3.1	4.3	6	8.5	12	17	24	35	49	69
	10<b≤20	3.4	4.9	7	9.5	14	19	28	39	55	78
	20<b≤40	3.9	5.5	8	11	16	22	31	45	63	89
	40<b≤80	4.6	6.5	9.5	13	19	26	37	52	74	105
20<d≤50	4≤b≤10	3.2	4.5	6.5	9	13	18	25	36	51	72
	10<b≤20	3.6	5.0	7	10	14	20	29	40	57	81
	20<b≤40	4.1	5.5	8	11	16	23	32	46	65	92

续表

分度圆直径 d/mm	齿宽 b/mm	精度等级									
		3	4	5	6	7	8	9	10	11	12
20<d≤50	40<b≤80	4.8	6.5	9.5	13	19	27	38	54	76	107
	80<b≤160	5.5	8	11	16	23	32	46	65	92	130
50<d≤125	4≤b≤10	3.3	4.7	6.5	9.5	13	19	27	38	53	76
	10<b≤20	3.7	5.5	7.5	11	15	21	30	42	60	84
	20<b≤40	4.2	6	8.5	12	17	24	34	48	68	95
	40<b≤80	4.9	7	10	14	20	28	39	56	79	111
	80<b≤160	6	8.5	12	17	24	33	47	67	94	133
	160<b≤250	7	10	14	20	28	40	56	79	112	158
	250<b≤400	8	12	16	23	33	46	65	92	130	184
125<d≤280	4≤b≤10	3.6	5	7	10	14	20	29	40	57	81
	10<b≤20	4	5.5	8	11	16	22	32	45	63	90
	20<b≤40	4.5	6.5	9	13	18	25	36	50	71	101
	40<b≤80	5	7.5	10	15	21	29	41	58	82	117
	80<b≤160	6	8.5	12	17	25	35	49	69	98	139
	160<b≤250	7	10	14	20	29	41	58	82	116	164
	250<b≤400	8.5	12	17	24	34	47	67	95	134	190
	400<b≤650	10	14	20	28	40	56	79	112	158	224
280<d≤560	10<b≤20	4.3	6	8.5	12	17	24	34	48	68	97
	20<b≤40	4.8	6.5	9.5	13	19	27	38	54	76	108
	40<b≤80	5.5	7.5	11	15	22	31	44	62	87	124
	80<b≤160	6.5	9	13	18	26	36	52	73	103	146
	160<b≤250	7.5	11	15	21	30	43	60	85	121	171
	250<b≤400	8.5	12	17	25	35	49	70	98	139	197
	400<b≤650	10	14	20	29	41	58	82	115	163	231
	650<b≤1000	12	17	24	34	48	68	96	136	193	272

　　有些偏差的测量不是必需的，如切向综合偏差、齿廓形状偏差和倾斜偏差。这些偏差的检测有时可替代其他的检测方法。表 9-8 和表 9-9 分别列出了一齿切向综合偏差、径向综合偏差和径向跳动偏差的允许值。

表 9-8　一齿切向综合偏差 f_i'/K、齿廓形状偏差 f_{fa}、径向跳动偏差 F_r(摘自 GB/T 10095.2—2008)　　μm

分度圆直径 d/mm	法向模数 m/mm	f_i'/K				f_{fa}				F_r			
		5	6	7	8	5	6	7	8	5	6	7	8
5≤d≤20	0.5≤m≤2	14	19	27	38	3.5	5	7	10	9	13	18	25
	2<m≤3.5	16	23	32	45	5.0	7	10	14	9.5	13	19	27

续表

分度圆直径 d/mm	法向模数 m/mm	f_i'/K				f_{fa}				F_r			
		5	6	7	8	5	6	7	8	5	6	7	8
20<d≤50	0.5≤m≤2	14	20	29	41	4	5.5	8	11	11	16	23	32
	2<m≤3.5	17	24	34	48	5.5	8	11	16	12	17	24	34
	3.5<m≤6	19	27	38	54	7	9.5	14	19	12	17	25	35
	6<m≤10	22	31	44	63	8.5	12	17	24	13	19	26	37
50<d≤125	0.5≤m≤2	16	22	31	44	4.5	6.5	9	13	15	21	29	42
	2<m≤3.5	18	25	36	51	6	8.5	12	17	15	21	30	43
	3.5<m≤6	20	29	40	57	7.5	10	15	21	16	22	31	44
	6<m≤10	23	33	47	66	9	13	18	25	16	23	33	46
	10<m≤16	27	38	54	77	11	15	22	31	18	25	35	50
	16<m≤25	32	46	65	91	13	19	26	37	19	27	39	55
125<d≤280	0.5≤m≤2	17	24	34	49	5.5	7.5	11	15	20	28	39	55
	2<m≤3.5	20	28	39	56	7	9.5	14	19	20	28	40	56
	3.5<m≤6	22	31	44	62	8	12	16	23	20	29	41	58
	6<m≤10	25	35	50	70	10	14	20	28	21	30	42	60
	10<m≤16	29	41	58	82	12	17	23	33	22	32	45	63
	16<m≤25	34	48	68	96	14	20	28	40	24	34	48	68
	25<m≤40	41	58	82	116	17	24	34	48	27	36	54	76
280<d≤560	0.5≤m≤2	19	27	39	54	6.5	9	13	18	26	36	51	73
	2<m≤3.5	22	31	44	62	8	11	16	22	26	37	52	74
	3.5<m≤6	24	34	48	68	9	13	18	26	27	38	53	75
	6<m≤10	27	38	54	76	11	15	22	31	27	39	55	77
	10<m≤16	31	44	62	88	13	18	26	36	29	40	57	81
	16<m≤25	36	51	72	102	15	21	30	43	30	43	61	86
	25<m≤40	43	61	86	122	18	25	36	51	33	47	66	94
	40<m≤70	55	78	110	155	22	31	44	62	38	54	76	108

注：当总重合度 $\varepsilon_\gamma<4$ 时，系数 $K=0.2(\varepsilon_\gamma+4)/\varepsilon_\gamma$；当 $\varepsilon_\gamma\geq4$ 时，$K=0.4$。

表 9-9　径向综合总偏差 F_i''、一齿径向综合偏差 f_i''（摘自 GB/T 10095.2—2008）　　　μm

分度圆直径 d/mm	法向模数 m/mm	F_i''						f_i''					
		4	5	6	7	8	9	4	5	6	7	8	9
5≤d≤20	0.2≤m≤0.5	7.5	11	15	21	30	42	1.0	2.0	2.5	3.5	5.0	7.0
	0.5<m≤0.8	8	12	16	23	33	46	2.0	2.5	4.0	5.5	7.5	11
	0.8<m≤1.0	9	12	18	25	35	50	2.5	3.5	5.0	7.0	10	14
	1.0<m≤1.5	10	14	19	27	38	54	3.0	4.5	6.5	9.0	13	18
	1.5<m≤2.5	11	16	22	32	45	63	4.5	6.5	9.5	13	19	26
	2.5<m≤4.0	14	20	28	39	56	79	7.0	10	14	20	29	41

续表

分度圆直径 d/mm	法向模数 m/mm	F_i''						f_i'					
		4	5	6	7	8	9	4	5	6	7	8	9
$20 < d \leqslant 50$	$0.2 \leqslant m \leqslant 0.5$	9	13	19	26	37	52	1.5	2.0	2.5	3.5	5.0	7.0
	$0.5 < m \leqslant 0.8$	10	14	20	28	40	56	2.0	2.5	4.0	5.5	7.5	11
	$0.8 < m \leqslant 1.0$	11	15	21	30	42	60	2.5	3.5	5.0	7.0	10	14
	$1.0 < m \leqslant 1.5$	11	16	23	32	45	64	3.0	4.5	6.5	9.0	13	18
	$1.5 < m \leqslant 2.5$	13	18	26	37	52	73	4.5	6.5	9.5	13	19	26
	$2.5 < m \leqslant 4.0$	16	22	31	44	63	89	7.0	10	14	20	29	41
	$4.0 < m \leqslant 6.0$	20	28	39	56	79	111	11	15	22	31	43	61
	$6.0 < m \leqslant 10$	26	37	52	74	104	147	17	24	34	48	67	95
$50 < d \leqslant 125$	$0.2 \leqslant m \leqslant 0.5$	12	16	23	33	46	66	1.5	2.0	2.5	3.5	5.0	7.5
	$0.5 < m \leqslant 0.8$	12	17	25	35	49	70	2.0	3.0	4.0	5.5	8.0	11
	$0.8 < m \leqslant 1.0$	13	18	26	36	52	73	2.5	3.5	5.0	7.0	10	14
	$1.0 < m \leqslant 1.5$	14	19	27	39	55	77	3.0	4.5	6.5	9.0	13	18
	$1.5 < m \leqslant 2.5$	15	22	31	43	61	86	4.5	6.5	9.5	13	19	26
	$2.5 < m \leqslant 4$	18	25	36	51	72	102	7.0	10	14	20	29	41
	$4.0 < m \leqslant 6.0$	22	31	44	62	88	124	11	15	22	31	44	62
	$6.0 < m \leqslant 10$	28	40	57	80	114	161	17	24	34	48	67	95
$125 < d \leqslant 280$	$0.2 \leqslant m \leqslant 0.5$	15	21	30	42	60	85	1.5	2.0	2.5	3.5	5.5	7.5
	$0.5 < m \leqslant 0.8$	16	22	31	44	63	89	2.0	3.0	4.0	5.5	8.0	11
	$0.8 < m \leqslant 1.0$	16	23	33	46	65	92	2.5	3.5	5.0	7.0	10	14
	$1.0 < m \leqslant 1.5$	17	24	34	48	68	97	3.0	4.5	6.5	9.0	13	18
	$1.5 < m \leqslant 2.5$	19	26	37	53	75	106	4.5	6.5	9.5	13	19	27
	$2.5 < m \leqslant 4.0$	21	30	43	61	86	121	7.5	10	15	21	29	41
	$4.0 < m \leqslant 6.0$	25	36	51	72	102	144	11	15	22	31	44	62
	$6.0 < m \leqslant 10$	32	45	64	90	127	180	17	24	34	48	67	95

9.3.5　齿轮精度等级在图样上的标注

齿轮精度等级及齿厚极限偏差在图样上的标注，旧标准规定在齿轮零件图上应标注齿轮的精度等级和齿厚极限偏差的字母代号，新标准对此没有明确的规定，只是规定了在文件中需叙述齿轮精度要求时，应注明标准文件号 GB/T 10095.1 或 GB/T 10095.2。为此，建议这样标注：

若齿轮轮齿同侧齿面各检验项目同为某一级精度等级时(如同为 7 级)，可标注为

7GB/T 10095.1

若齿轮检验项目的精度等级不同时，如齿廓总偏差和单个齿距偏差为 7 级、齿距累积总偏差

和螺旋线总偏差为 8 级，则标注为

$$7\,(F_\alpha、f_{pt})\,8\,(F_p、F_\beta)\,\text{GB/T 10095.1}$$

若检验径向综合偏差（或径向跳动），例如径向综合总偏差和一齿径向综合偏差均为 7 级，则标注为

$$7\,(F_i''、f_i'')\,\text{GB/T 10095.2}$$

齿轮各检验项目及其允许值标注在齿轮工作图参数表（表 9-18）中。

9.4　齿轮副的精度

前面讨论的是单个齿轮的加工误差，除此之外，齿轮副的偏差项目同样影响齿轮传动的使用性能，也应加以限制。有关齿轮副的精度及要求是在指导性文件中规定的。

齿轮副的要求包括齿轮副的中心距、齿轮副轴线的平行度、接触斑点的位置和大小及侧隙要求。

9.4.1　齿轮副的中心距偏差

齿轮副的中心距偏差 f_a 是指在齿轮副的齿宽中间平面内，实际中心距与公称中心距之差，如图 9-10 所示。它主要影响齿轮副的侧隙，而且对齿轮啮合的重合度也有影响，因此必须限制在极限偏差 $\pm f_a$ 范围内。新标准仅仅给出了考虑中心距极限偏差的因素，没有给出具体的极限偏差值。设计者可以借鉴某些成型老产品来确定中心距极限偏差，也可以参考旧标准来选择值（表 9-10）。

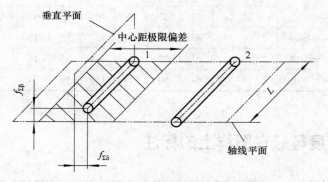

图 9-10　齿轮副的中心距及轴线平行度偏差

表 9-10　中心距极限偏差 $\pm f_a$ 数值（摘自 GB/Z 18620.3）

齿轮精度等级	5～6	7～8	9～10
f_a	$\dfrac{\text{IT7}}{2}$	$\dfrac{\text{IT8}}{2}$	$\dfrac{\text{IT9}}{2}$

9.4.2　齿轮副轴线的平行度偏差

（1）轴线平面内偏差　轴线平面内偏差 $f_{\Sigma\delta}$ 是指一对齿轮的轴线在基准平面上的投影的平行度误差（图 9-10），它影响螺旋线啮合偏差。

（2）轴线垂直方向上的偏差　轴线垂直方向上的偏差 $f_{\Sigma\beta}$ 是指一对齿轮的轴线在垂直于基准平面且平行于基准轴线的平面上的投影的平行度误差（图 9-10）。

$f_{\Sigma\delta}$ 和 $f_{\Sigma\beta}$ 主要影响齿轮副的侧隙和载荷分布均匀性，而且 $f_{\Sigma\beta}$ 的影响更为明显，所以指导性文件中推荐它们的最大允许值为：

$$f_{\Sigma\beta} = 0.5\left(\frac{L}{B}\right)F_\beta \tag{9-1}$$

$$f_{\Sigma\delta} = 2f_{\Sigma\beta} \tag{9-2}$$

9.4.3　齿轮副的接触斑点

齿轮副的接触斑点是指一对装配好的齿轮副，在轻微的制动下运转后，齿面上分布的接触擦亮痕迹，如图 9-11 所示。接触痕迹的大小由齿高方向和齿长方向的百分数表示。百分比越大，载荷分布均匀性越好。

接触斑点沿齿宽方向为接触痕迹的长度 b''（扣除超过模数值的断开部分 c）与设计工作长度 b' 之比的百分数，即

$$\frac{b'' - c}{b'} \times 100\% \tag{9-3}$$

接触斑点沿齿高方向为接触痕迹的平均高度 h'' 与设计工作高度 h' 之比的百分数，即

$$\frac{h''}{h'} \times 100\% \tag{9-4}$$

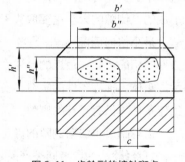

图 9-11　齿轮副的接触斑点

9.4.4　齿轮副法向侧隙及齿厚极限偏差

9.4.4.1　法向侧隙

齿轮副的侧隙按测量方向通常分为圆周侧隙 j_{wt} 和法向侧隙 j_{bn} 两种。

圆周侧隙 j_{wt} 是指安装好的齿轮副，当其中一个齿轮固定时，另一个齿轮圆周的晃动量，以分度圆上弧长计值，如图 9-12（a）所示。

法向侧隙 j_{bn} 是指安装好的齿轮副，当工作齿面相互接触时，其非工作齿面之间的最短距离，如图 9-12（b）所示。

测量圆周侧隙和测量法向侧隙是等效的。侧隙大小是从使用角度提出的要求，它与齿轮及齿轮副的精度等级无关。

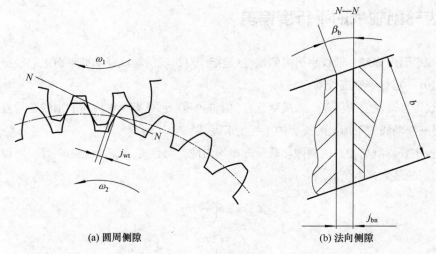

(a) 圆周侧隙　　　　　　　(b) 法向侧隙

图 9-12　齿轮副侧隙

9.4.4.2　最小法向侧隙

齿轮副侧隙由齿轮工作条件决定，与齿轮的精度无关，如汽轮机中的齿轮传动，因工作温度升高，为保证正常润滑，避免因发热而出现卡死，要求有大的保证侧隙；而对于需要正反转读数机构中的齿轮传动，为避免空程的影响，则要求有较小的保证侧隙。齿轮副侧隙是在装配后自然形成的，侧隙的大小主要取决于齿厚和中心距。

最小法向侧隙 j_{bnmin} 是当一个齿轮的轮齿以最大允许实效齿厚与另一个也具有最大允许实效齿厚的相配齿轮在最近的允许中心距相啮合时，在静态条件下的最小允许值。它用来补偿由于轴承、箱体、轴等零件的制造、安装误差以及润滑、温度的影响，以保证在带负载运行于最不利的工作条件下仍有足够的侧隙。

齿轮副最小法向侧隙的确定方法通常有以下三种：

（1）经验法　参考同类产品来确定。

（2）查表法　GB/Z 18620.2—2008 在附录 A 中列出了对工业装置推荐的最小法向侧隙，如表 9-11 所示。表中的数值也可用下式计算：

$$j_{bn\ min} = \frac{2}{3}(0.06 + 0.0005a_i + 0.03m_n) \tag{9-5}$$

（3）计算法　根据齿轮副的工作条件，如工作速度、温度、润滑条件来计算最小法向侧隙。限于篇幅，此处不再详细介绍。

表 9-11　对于中、大模数齿轮最小侧隙 $j_{bn\ min}$ 的推荐值（摘自 GB/Z 18620.2—2008）

m_n/mm	最小中心距 a_i/mm					
	50	100	200	400	800	1600
1.5	0.09	0.11	—	—	—	—
2	0.10	0.12	0.15	—	—	—

m_n/mm	最小中心距 a_i/mm					
	50	100	200	400	800	1600
3	0.12	0.14	0.17	0.24	—	—
5	—	0.18	0.21	0.28	—	—
8	—	0.24	0.27	0.34	0.47	—
12	—	—	0.35	0.42	0.55	—
18	—	—	—	0.54	0.67	0.94

9.4.4.3 齿厚上偏差

齿厚上偏差是齿厚的最小减薄量。在中心距确定的情况下，齿厚上偏差就决定了齿轮副的最小侧隙。

齿厚上偏差的确定方法有三种：

(1)经验类比法。

(2)简易计算法。根据已确定的最小法向侧隙，用简易公式计算：

$$E_{sns1} + E_{sns2} = -j_{bn\,min}/\cos\alpha_n \tag{9-6}$$

式中，E_{sns1} 和 E_{sns2} 分别为主动齿轮和被动大齿轮的齿厚上偏差。

若主动轮和被动轮的齿数相差不大，可取相同的齿厚上偏差，即 $E_{sns1} = E_{sns2}$，则有

$$E_{sns1} = E_{sns2} = -j_{bn\,min}/2\cos\alpha_n \tag{9-7}$$

若主动轮和被动轮的齿数相差较大，一般使大齿轮的齿厚减薄量大一些，小齿轮的齿厚减薄量小一些，以使大、小齿轮的强度匹配。

(3)计算法。比较细致地考虑齿轮的制造、安装误差对侧隙的影响，用较复杂的公式计算出齿厚上偏差。

9.4.4.4 齿厚下偏差

齿厚下偏差影响最大侧隙。除精密读数机构或对最大侧隙有特殊要求的齿轮外，一般情况下最大侧隙并不影响传递运动性能。因此，在很多场合允许较大的齿厚公差，以求获得较经济的制造成本。

齿厚下偏差可以用经验类比法确定，也可以用下面的公式计算：

$$E_{sni} = E_{sns} - T_{sn} \tag{9-8}$$

式中，T_{sn} 为齿厚公差。无经验时，建议用下式计算：

$$T_{sn} = 2\tan\alpha_n \sqrt{F_r^2 + b_r^2} \tag{9-9}$$

式中，F_r 为齿圈径向跳动公差；b_r 为切齿时径向进刀公差，可按表 9-12 选用。

表 9-12　切齿径向进刀公差 b_r

齿轮精度	3	4	5	6	7	8	9	10
b_r 值	IT7	1.26IT7	IT8	1.26IT8	IT9	1.26IT9	IT10	1.26IT10

9.5　齿轮坯的精度与齿面粗糙度

齿轮坯是指在轮齿加工前供制造齿轮用的工件。齿轮坯的尺寸偏差、形位误差和表面粗糙度等几何参数误差对齿轮副的运行情况有着极大的影响。因此，应尽量控制齿坯精度以保证齿轮的加工质量。本节根据 GB/Z 18620.3—2008 中的有关规定来确定基准轴线和齿坯公差。

9.5.1　名词术语

9.5.1.1　基准面与基准轴线

基准轴线是由基准面中心确定的。依此轴线来确定齿轮的细节，特别是确定点距、齿廓和螺旋线的公差。

基准轴线由下面三种基本方法确定。

（1）用两个"短的"圆柱或圆锥形基准面上设定的两个圆的圆心来确定轴线上的两个点（即两个要素组成的公共基准），如图 9-13 所示。

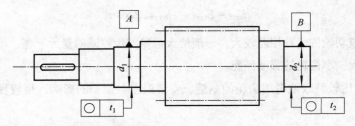

注：A 和 B 是预定的轴承安装面

图 9-13　用两个"短的"基准面确定基准轴线

（2）用一个"长的"圆柱或圆锥形的面来同时确定轴线的位置和方向。孔的轴线可以用与之相匹配正确装配的工作芯轴的轴线来代表，如图 9-14 所示。

（3）轴线的位置用一个"短的"圆柱形基准面上的一个圆的圆心来确定，而其方向则用垂直于此轴线的一个基准端面来确定，如图 9-15 所示。

9.5.1.2　工作安装面与工作轴线

齿轮在工作时绕其旋转的轴线称为工作轴线，它是由工作安装面确定的。

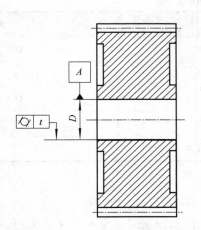
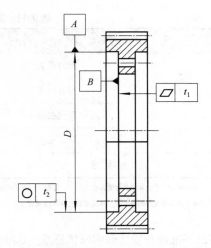

图 9-14　用一个"长的"基准面确定基准轴线　　　　图 9-15　用一个圆柱面和一个端面确定基准轴线

9.5.1.3　制造安装面

齿轮制造或检测时，用来安装齿轮的面称为制造安装面。

理想的情况是工作安装面、制造安装面与基准面重合。如图 9-14 所示，齿轮内孔就是这三种面重合的例子。

但有时这三种面可能不重合。图 9-16 所示的齿轮轴在制造和检测时，通常是将该零件安置于两个顶尖上，这样两个中心孔就是基准面及制造安装面，与工作安装面（轴承安装轴颈）不重合。此时应该规定较小的工作安装面对中心孔的跳动公差。

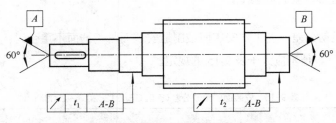

图 9-16　用中心孔确定基准轴线

9.5.2　齿坯公差的选择

齿坯公差是指在齿坯上，影响轮齿加工精度和齿轮传动质量的三类公差：尺寸公差、几何公差以及表面粗糙度。

（1）基准面与安装面的尺寸公差　齿坯的尺寸公差在新标准中没有规定，依据旧标准，参照表 9-13 选取。

表 9-13　齿坯的尺寸公差和形状公差

齿轮精度等级		6	7	8	9
孔	尺寸公差	IT6		IT7	IT8
	形状公差	6		7	8
轴	尺寸公差	IT5		IT6	IT7
	形状公差	5		6	7
顶圆直径公差		IT8			IT9

注：1. 当齿轮的三个公差组的精度等级不同时，按最高的精度等级确定公差值。

2. 当顶圆不作测量齿厚的基准时，其尺寸公差按 IT11 给定，但不大于 $0.1m_n$。

（2）基准面与安装面的形状公差　基准面与安装面的形状公差应不大于表 9-14 中规定的数值。

表 9-14　基准面与安装面的形状公差（摘自 GB/Z 18620.3—2008）

确定轴线的基准面	公差项目		
	圆度	圆柱度	平面度
两个"短的"圆柱或圆锥形基准面	$0.04(L/b)F_\beta$ 或 $0.1F_p$ 取两者中小值		
一个"长的"圆柱或圆锥形基准面		$0.04(L/b)F_\beta$ 或 $0.1F_p$ 取两者中小值	
一个"短的"圆柱面和一个端面	$0.06F_p$		$0.06(D_d/b)F_\beta$

注：1. 齿轮坯的公差应减至能经济地制造的最小值。

2. 表中 L 为较大的轴承跨距，b 为齿宽，D_d 为基准面直径。

（3）安装面的跳动公差　当工作安装面或制造安装面与基准面不重合时，必须规定它们对基准面的跳动公差，其数值不应大于表 9-15 的规定。

表 9-15　安装面的跳动公差（摘自 GB/Z 18620.3—2008）

确定轴线的基准面	跳动量（总的指示幅度）	
	径向	轴向
仅指圆柱或圆锥形基准面	$0.15(L/b)F_\beta$ 或 $0.3F_p$，取两者中之大值	
一个圆柱基准面和一个端面基准面	$0.3F_p$	$0.2(D_d/b)F_\beta$

注：齿轮坯的公差减至能经济地制造的最小值。

（4）各表面的粗糙度　齿面的表面粗糙度对齿轮的传动精度（噪声和振动）、表面承载能力（点蚀、胶合和磨损）和弯曲强度（齿根过渡曲面状况）等都会产生很大的影响，应规定相应的表面粗糙度。

齿坯各基准面的表面粗糙度在齿轮新标准中没有规定，可参照表 9-16 选取。

表 9-16　齿轮各基准面的表面粗糙度 Ra 推荐值　　　　　μm

项目	5	6	7		8	9	
轮齿齿面	0.32～0.63	0.63～1.25	1.25	2.5	2.5～5	5	10
齿面加工方法	磨齿	磨或珩	剃或珩	精滚精插	插或滚齿	滚齿	铣齿
齿轮基准孔	0.32～0.63	1.25	1.25～2.5			5	
齿轮轴基准轴颈	0.32	0.63	1.25		2.5		
齿轮基准端面	2.5～5	2.5～5	2.5～5			3.2～5	
齿轮顶圆	1.25～2.5		3.2～5				

9.5.3　齿面粗糙度

GB/Z 18620.4—2008 中给定了齿轮齿面的 Ra 的推荐值（表 9-17）。应根据齿面粗糙度影响齿轮传动精度、表面承载能力和弯曲强度的实际情况，选取齿面粗糙度数值。

表 9-17　评定轮廓的算术平均偏差 Ra 的推荐极限值（摘自 GB/Z 18620.4—2008）　　μm

模数 m /mm	精度等级									
	3	4	5	6	7	8	9	10	11	12
$m \leqslant 6$			0.5	0.8	1.25	2.0	3.2	5.0	10.0	20
$6 < m \leqslant 25$	0.16	0.32	0.63	1.00	1.6	2.5	4	6.3	12.5	25
$m > 25$			0.8	1.25	2.0	3.2	5.0	8.0	16	32

9.6　齿轮精度设计举例

本节通过举例，介绍齿轮精度设计的内容和方法。

齿轮精度设计的内容与设计步骤大致如下。

(1)确定齿轮的精度等级；

(2)齿轮检验组的选择及其公差值的确定；

(3)选择侧隙和计算齿厚偏差；

(4)确定齿坯公差和表面粗糙度；

(5)计算公法线平均长度极限偏差；

(6)绘制齿轮零件图。

【例 9-1】　现有某机床传动箱中传动轴上一对直齿圆柱齿轮，$z_1 = 26$，$z_2 = 56$，$m_n = 2.75$，$b_1 = 28$，$b_2 = 24$，两轴承中间距离 $L = 90mm$，$n_1 = 1650r/min$，齿轮与箱体材料分别为钢和铸铁，单件小批生产。试设计小齿轮精度等级，确定检验项目，并绘制齿轮工作图。

解：（1)确定齿轮的精度等级　设齿轮既传递运动又传递动力，因此可根据其节圆运动速度确定精度等级。

$$v = \frac{\pi d n}{60 \times 1000} = \frac{3.14 \times 2.75 \times 26 \times 1650}{60 \times 1000} = 6.2 (\text{m/s})$$

参考表 9-2，可确定齿轮应选为 7 级精度，按照标准规定，应标注为

$$7 \text{ GB } 10095.1\text{—}2008$$

(2) 选择侧隙和计算齿厚偏差　齿轮中心距

$$a_1 = \frac{m(z_1 + z_2)}{2} = 2.75 \times \left[\frac{(26 + 56)}{2} \right] = 112.75 (\text{mm})$$

代入式 (9-3)，可求出最小侧隙推荐值

$$j_{\text{bn min}} = \frac{2(0.06 + 0.0005 a_i + 0.03 m_n)}{3} = 0.133 (\text{mm})$$

由式 (9-5) 得齿厚上偏差

$$E_{\text{sns}} = -j_{\text{bn min}} / 2\cos\alpha_n = -0.133 / (2\cos 20°) = -0.071 (\text{mm})$$

查表 9-8 及表 9-13 分别得

$$F_r = 0.03 \text{mm}$$

$$b_r = \text{IT9} = 0.074 \text{mm}$$

按式 (9-7) 得齿厚公差

$$T_{\text{sn}} = 2\tan\alpha_n \sqrt{F_r^2 + b_r^2} = 2\tan 20° \sqrt{0.03^2 + 0.074^2} = 0.058 (\text{mm})$$

齿厚下偏差

$$E_{\text{sni}} = E_{\text{sns}} - T_{\text{sn}} = -0.071 - 0.058 = -0.129 (\text{mm})$$

公法线公称长度

$$k = \frac{z}{9} + 0.5 = \frac{26}{9} + 0.5 = 3.4$$

取 $k = 3$

$$W_{\text{公称}} = m_n \left[1.476(2k - 1) + 0.014 z_1 \right] = 2.75 \times \left[1.476 \times (2 \times 3 - 1) + 0.014 \times 26 \right] = 19.294 (\text{mm})$$

公法线长度上偏差

$$E_{\text{bns}} = E_{\text{sns}} \cos\alpha_n = -0.071\cos 20° = -0.067 (\text{mm})$$

公法线长度下偏差

$$E_{\text{bni}} = E_{\text{sni}} \cos\alpha_n = -0.129\cos 20° = -0.121 (\text{mm})$$

该齿轮若检查公法线长度偏差，则公法线长度的允许范围应为 $19.294_{-0.121}^{-0.067}$ mm。

(3) 选择检验项目及公差值　该齿轮属中等精度、小批量生产，没有对齿轮局部范围提出更严格的噪声、振动要求，因此选择第 I 检验组，并查得：$F_p = 0.038$mm，$F_\alpha = 0.016$mm，$F_\beta = 0.017$mm。

(4) 确定齿轮副精度　按公式计算得

$$f_{\Sigma\beta} = 0.5(L/b)F_\beta = 0.5 \times (90/28) \times 0.017 = 0.027 \text{(mm)}$$

$$f_{\Sigma\delta} = 2f_{\Sigma\beta} = 2 \times 0.027 = 0.054 \text{(mm)}$$

(5) 确定齿坯精度　该齿轮为非连轴齿轮，按 GB/Z 18620.3 可求出齿坯上的几何公差，由 GB/Z 18620.4 可查得表面粗糙度允许值，将它们标在齿轮工作（零件）图上。本例的齿轮工作图如图 9-17 所示，齿轮工作图上的数据见表 9-18。

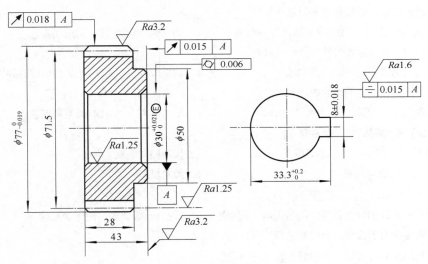

图 9-17　齿轮工作图

表 9-18　齿轮工作图上的数据　　　　　　　　　　　　mm

齿数	z	26	齿轮副中心距及其偏差	$A \pm f_a$	112.75±0.027
法向模数	m_n	2.75	轴线平行度偏差	$f_{\Sigma\beta}$	0.027
齿形角	α	20°		$f_{\Sigma\delta}$	0.054
螺旋角	β	0°	公法线公称长度及平均长度偏差	$W_{E_{\text{bni}}}^{E_{\text{bns}}}$	$19.294_{-0.129}^{-0.067}$
径向变位系数	χ	0	跨齿数		3
齿顶高系数	h_a	1	检验项目代号		公差或极限偏差
精度等级	7 GB/T 10095.1—2008		齿距累积总偏差	F_p	0.038
配对齿轮	图号		齿廓总偏差	F_α	0.016
	齿数	56	螺旋线总公差	F_β	0.017

👥 思考题与习题

一、判断题

1. 在齿轮检验时，必须对所有项目进行检测。（   ）

2. 齿廓总偏差是评定齿轮传动平稳性的综合指标。（   ）

3. 根据使用要求，轮齿同侧齿面各项偏差的精度等级必须相同。（   ）

4. 齿轮传递运动的平稳性是要求齿轮一转内最大转角误差限制在一定范围内。（   ）

5. 齿轮传递运动的振动和噪声是由齿轮传递运动的不准确性引起的。（   ）

6. 齿轮的一齿切向综合公差是评定齿轮传递运动平稳性的项目。（   ）

7. 圆柱齿轮根据不同的传动要求，对三个公差组可以选用不同的精度等级。（   ）

二、选择题

1. 影响齿轮传递运动准确性的误差项目有_____。

A. 齿距累积误差   B. 一齿切向综合误差   C. 切向综合误差   D. 齿形误差

2. 影响齿轮载荷分布均匀性的误差项目有_____。

A. 切向综合误差   B. 齿形误差   C. 齿向误差   D. 一齿切向综合误差

3. 影响齿轮传递运动平稳性的误差项目有_____。

A. 一齿切向综合误差   B. 齿圈径向跳动   C. 基节偏差   D. 齿距累积误差

4. 影响齿轮副侧隙的加工误差有_____。

A. 齿厚偏差   B. 基节偏差   C. 齿圈径向跳动

D. 公法线长度变动误差   E. 齿向误差

5. 下列说法正确的有_____。

A. 对于精密机床的分度机构、测量仪器上的读数分度齿轮，一般要求传递运动准确

B. 用于传递动力的齿轮，一般要求载荷分布均匀

C. 对于高速传动的齿轮，一般要求载荷分布均匀

D. 低速动力齿轮，对运动的准确性要求高

三、简答题

1. 齿轮传动有哪些使用要求？对于不同用途的齿轮传动，这些使用要求有何侧重？

2. 国家标准对齿轮精度等级是如何规定的？

3. 单个齿轮评定有哪些评定指标？

4. 齿轮副精度评定有哪些评定指标？

5. 齿轮副侧隙用什么参数评定？

6. 试述下列标注的含义：

(1) $8(F_i''、f_i'')$ GB/T 10095.2；

(2) $6(F_\alpha)7(F_p、F_\beta)$ GB/T 10095.1。

第 10 章
键和矩形花键的互换性

【学习目标和要求】

1. 掌握平键联结的极限与配合、几何公差、表面粗糙度的选用与标注。
2. 了解平键的检测。
3. 了解花键联结的互换性和检测。

本章是三大精度在键联结和花键联结中的应用，学生应有能力通过自学掌握相关内容。

10.1　键联结和花键联结的特点

键联结广泛用作轴和轴上传动件(如齿轮、带轮、链轮、联轴器等)之间的可拆联结，用以传递转矩，有时还能实现轴上零件的轴向固定或轴向滑动的导向，在机械结构中应用很广泛。键又称单键，可分为平键、半圆键、切向键和楔形键等几种。其中平键联结应用最广泛，可分为普通平键和导向平键，具有结构简单、拆装方便、对中性好等优点。

平键联结由键、轴键槽和轮毂键槽三部分组成，通过键的侧面与轴键槽及轮毂键槽的侧面相互接触来传递转矩，见图 10-1。在平键联结中，键和轴键槽、轮毂键槽的宽度 b 是配合尺寸，应规定较严的公差；其他尺寸是非配合尺寸，应给予较松的公差。

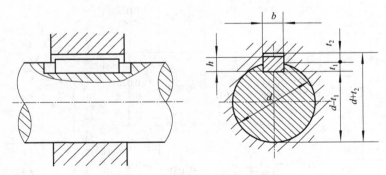

图 10-1　普通平键键槽的剖面尺寸

花键分为三角形花键、矩形花键和渐开线花键，与单键联结相比较，接触面积大、强度高、承载能力强、定心性和导向性好、结构紧凑。渐开线花键联结与矩形花键联结相比较，前者的强度更高，承载能力更强，并且具有精度高、齿面接触良好、能自动定心、加工方便等优点。本章只讨论平键和矩形花键的互换性，相关的国家标准如下：

GB/T 1095—2003《平键　键槽的剖面尺寸》；

GB/T 1096—2003《普通型　平键》；

GB/T 1144—2001《矩形花键尺寸、公差和检验》；

JB/T 9146—2017《矩形花键 加工余量及公差》。

10.2　平键联结的公差与配合

键由型钢制成，是标准件，因此键与键槽宽度的配合采用基轴制。对键的宽度规定一种公差带 h8，对轴槽和轮毂槽的宽度各规定三种公差带，以满足各种用途的需要。键宽度公差带分别与三种键槽宽度公差带形成三组配合，见表 10-1、表 10-2 和图 10-2。

表 10-1　普通平键键槽的尺寸与公差(摘自 GB/T 1095—2003)　　　　　　　mm

轴径	键	键槽										
			宽度 b					深度				半径 r
				极限偏差				轴 t_1		毂 t_2		
公称直径 d	键尺寸 b×h	基本尺寸	松联结		正常联结		紧密联结	基本尺寸	极限偏差	基本尺寸	极限偏差	
			轴 H9	毂 D10	轴 N9	毂 JS9	轴和毂 P9					min	max
>6~8	2×2	2	+0.025 0	+0.06 +0.02	−0.004 −0.029	±0.0125	−0.006 −0.031	1.2	+0.10	1	+0.10	0.08	0.16
>8~10	3×3	3						1.8		1.4			
>10~12	4×4	4	+0.03 0	+0.078 +0.03	0 −0.03	±0.015	−0.012 −0.042	2.5		1.8			
>12~17	5×5	5						3		2.3		0.16	0.25
>17~22	6×6	6						3.5		2.8			
>22~30	8×7	8	+0.036 0	+0.098 +0.04	0 −0.036	±0.018	−0.015 −0.051	4		3.3			
>30~38	10×8	10						5		3.3			
>38~44	12×8	12	+0.043 0	+0.12 +0.05	0 −0.043	±0.0215	−0.018 −0.061	5		3.3			
>44~50	14×9	14						5.5		3.8		0.25	0.4
>50~58	16×10	16						6		4.3			
>58~65	18×11	18						7	+0.20	4.4	+0.20		
>65~75	20×12	20	+0.052 0	+0.149 +0.065	0 −0.052	±0.026	−0.022 −0.074	7.5		4.9			
>75~85	22×14	22						9		5.4			
>85~95	25×14	25						9		5.4		0.4	0.6
>95~110	28×16	28						10		6.4			
>110~130	32×18	32						11		7.4			
>130~150	36×20	36	+0.062 0	+0.18 +0.08	0 −0.062	±0.031	−0.026 −0.088	12		8.4			
>150~170	40×22	40						13		9.4			
>170~200	45×25	45						15		10.4		0.7	1
>200~230	50×28	50						17		11.4			
>230~260	56×32	56						20	+0.30	12.4	+0.30		
>260~290	63×32	63	+0.074 0	+0.22 +0.1	0 −0.074	±0.037	−0.032 −0.106	20		12.4		1.2	1.6
>290~330	70×36	70						22		14.4			
>330~380	80×40	80						25		15.4			
>380~440	90×45	90	+0.087 0	+0.26 +0.12	0 −0.087	±0.0135	−0.037 −0.124	28		17.4		2	2.5
>440~500	100×50	100						31		19.5			

表 10-2　平键联结的三类配合及应用

配合种类	尺寸 b 的公差带			应用
	键	轴槽	轮毂槽	
较松联结	h8	H9	D10	用于导向平键，轮毂在轴上移动
一般联结		N9	JS9	键在轴槽中和轮毂槽中均固定，用于载荷不大的场合
较紧联结		P9	P9	键在轴槽中和轮毂槽中均固定，比上一种配合紧，主要用于载荷较大、载荷具有冲击以及双向传递转矩的场合

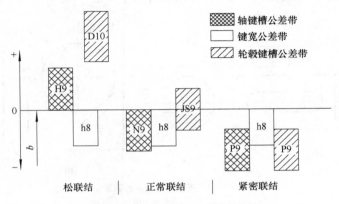

图 10-2　键宽与键槽宽 b 的公差带图

在非配合尺寸中，平键高度 h 的公差带一般采用 h11；其中截面尺寸为 2mm×2mm～6mm×6mm 的 B 型平键由于其宽度和高度不易区分，高度的公差带亦采用 h8。平键长度 L 的公差带采用 h14。轴槽长度的公差带采用 H14。轴槽深度 t_1 和轮毂槽深度 t_2 的极限偏差由表 10-1 查出。为了便于测量，在图样上对轴槽深度和轮毂槽深度分别标注"$d-t_1$"和"$d+t_2$"（d 为孔、轴的公称尺寸），如图 10-1 所示。

平键联结通常规定轴槽及轮毂槽的宽度 b 对轴及轮毂中心线的对称度，可按 GB/T 1184 中对称度公差 7～9 级选取。

轴槽、轮毂槽的键槽宽度 b 两侧面粗糙度参数 Ra 值推荐为 1.6～3.2μm。轴槽底面、轮毂槽底面的表面粗糙度参数 Ra 值为 6.3μm。

键槽的标注示例如图 10-3 所示。

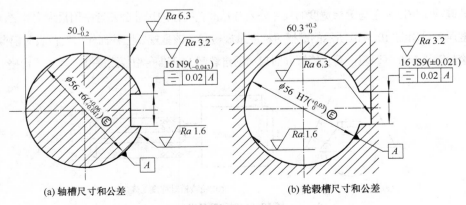

图 10-3　键槽尺寸和公差标注示例

　　键和键槽的尺寸可以用千分尺、游标卡尺等通用计量器具来测量。键槽宽度可以用量块或极限量规来检验。

　　如图 10-4 所示，轴槽对基准轴线的对称度公差采用独立原则，键槽对称度误差可按图 10-4(b) 所示的方法来测量。被测轴放置在 V 形支承座上，用 V 形支承座体现轴的基准轴线，用定位块或量块模拟键槽中心面。将置于平板上的指示器的测头与定位块的顶面接触，沿定位块的一个横截面移动，并稍微转动被测零件来调整定位块的位置，使指示器沿定位块这个横截面移动的过程中示值始终稳定，确定定位块的这个横截面内的素线平行于平板。

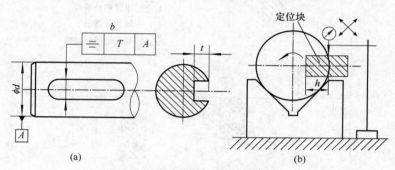

图 10-4　轴槽对称度误差测量

　　在键槽长度两端的径向截面内测量定位块至平板的距离，再将被测零件旋转 180° 后重复上述测量，得到两径向测量截面内的距离差之半 Δ_1 和 Δ_2，对称度误差按下式计算：

$$f = \frac{2\Delta_2 h + d(\Delta_1 - \Delta_2)}{d - h}$$

式中　d——轴的直径；

　　　　h——键槽深度。

注：以绝对值大者为 Δ_1，小者为 Δ_2。

　　轴键槽对称度公差与键槽宽度的尺寸公差的关系采用最大实体要求，而该对称度公差与轴径的尺寸公差的关系采用独立原则时，键槽对称度误差可用图 10-5(a) 所示的量规检验。该量规以其 V 形表面作为定心表面体现基准轴线，来检验键槽对称度误差，若 V 形表面与轴表面接触且量杆能够进入被测键槽，则表示合格。

　　轮毂键槽对称度公差与键槽宽度的尺寸公差及基准孔孔径的尺寸公差皆采用最大实体要求时，键槽对称度误差可用图 10-5(b) 所示的键槽对称度量规检验。该量规以圆柱面作为定位表面模拟基准轴线，来检验键槽对称度误差，若它能够同时自由通过轮毂的基准孔和被测键槽，则表示合格。

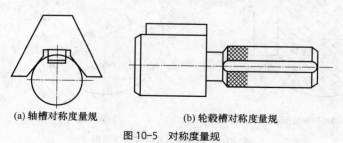

(a)轴槽对称度量规　　　　　　(b)轮毂槽对称度量规

图 10-5　对称度量规

10.3　花键联结的公差与配合

矩形花键是应用最广的花键联结，键数 N 规定为 6、8、10 三种，主要尺寸有小径 d、大径 D、键宽与键槽宽 B。按承载能力不同，矩形花键可分为中、轻两个系列，同一小径的轻系列和中系列的键数相同，键宽（键槽宽）也相同，仅大径不相同。中系列的键高尺寸较大，承载能力强；轻系列的键高尺寸较小，承载能力相对低。

花键规格表示为 $N \times d \times D \times B$，例如 6×23×26×6，尺寸系列如表 10-3 所示。

表 10-3　矩形花键的尺寸系列　　　　　　　　　　　mm

小径 d	轻系列					中系列				
	规格 $N \times d \times D \times B$	c	r	参考		规格 $N \times d \times D \times B$	c	r	参考	
				d_{1min}	α_{min}				d_{1min}	α_{min}
11						6×11×14×3	0.2	0.1		
13						6×13×16×3.5				
16						6×16×20×4	0.3	0.2	14.4	1
18						6×18×22×5			16.6	
21						6×21×25×5			19.5	2
23	6×23×26×6	0.2	0.1	22	3.5	6×23×28×6			21.2	1.2
26	6×26×30×6			24.5	3.8	6×26×32×6			23.6	
28	6×28×32×7			26.6	4	6×28×34×6			25.8	1.4
32	6×32×36×6	0.3	0.2	30.3	2.7	8×32×38×6	0.4	0.3	29.4	1
36	8×36×40×7			34.4	3.5	8×36×42×7			33.4	
42	8×42×46×8			40.5	5	8×42×48×8			39.4	2.5
46	8×46×50×9			44.6	5.7	8×46×54×9			42.6	1.4
52	8×52×58×10			49.6	4.8	8×52×60×10	0.5	0.4	48.6	2.5
56	8×56×62×10			53.5	6.5	8×56×65×10			52	
62	8×62×68×12			59.7	7.3	8×62×72×12			57.7	2.4
72	10×72×78×12	0.4	0.3	69.6	5.4	10×72×82×12			67.7	1
82	10×82×88×12			79.3	8.5	10×82×92×12	0.6	0.5	77	2.9
92	10×92×98×11			89.6	9.9	10×92×102×14			87.3	4.5
102	10×102×108×16			99.6	11.3	10×102×112×16			97.7	6.2
112	10×112×120×18	0.5	0.4	108.8	10.5	10×112×125×18			106.2	4.1

注：c 是键顶端倒角，r 是键底部圆角，α 和 α 是展成法加工外花键时的槽底尺寸。

在矩形花键结合中，要使内、外花键的大径 D、小径 d、键宽 B 相应的结合面同时耦合得很好是相当困难的，因为这些尺寸都会有制造误差，包括尺寸误差和几何误差。为了保证使用性能、改善加工工艺，只能选择一个结合面作为主要配合面，对其规定较高的精度，以保证配合性质和定心精度，该表面称为定心表面。

矩形花键联结可以有三种定心方式：小径定心、大径定心和键侧定心。由于花键结合面的硬度通常要求较高，在加工过程中往往需要热处理，为保证定心表面的尺寸精度和形状精度，热处理后需进行磨削加工。从加工工艺性来看，小径便于磨削，较易保证较高的加工精度和表面硬度，能提高花键的耐磨性和使用寿命，因此标准规定采用小径定心。花键孔的大径和键槽侧面难于进行磨削加工，但是要靠键侧传递转矩，故对键侧尺寸要求的公差等级较高，大径要求较低。

矩形花键联结的极限与配合分为两种情况：一种为一般用途矩形花键；另一种为精密传动用矩形花键。其内、外花键的尺寸公差带见表10-4。

表10-4　内、外花键的尺寸公差带

用途	内花键 小径 d	内花键 大径 D	键宽 B 拉削后不热处理	键宽 B 拉削后热处理	外花键 小径 d	外花键 大径 D	外花键 键宽 B	装配型式
一般用	H7		H9	H11	f7		d10	滑动
					g7		f9	紧滑动
					h7		h10	固定
精密传动用	H5	H10	H7　H9		f5		d8	滑动
					g5	a11	f7	紧滑动
					h5		h8	固定
	H6				f6		d8	滑动
					g6		f7	紧滑动
					h6		h8	固定

注：1. 精密传动用的内花键，当需要控制键侧配合间隙时，槽宽可选H7，一般情况下可选H9。

2. 为H6、H7的内花键，允许与高一级的外花键配合。

矩形花键联结采用基孔制配合，是为了减少加工和检验内花键用花键拉刀与花键量规的规格和数量。一般传动用内花键拉削后再进行热处理，其键宽的变形不易修正，故公差要降低要求由H9降为H11。对于精密传动用内花键，要求键侧配合间隙较高时，槽宽公差带选用H7，一般情况选用H9。

内、外花键d的公差带通常取相同的公差等级，这个规定不同于普通光滑孔、轴的配合。主要是考虑到矩形花键采用小径定心，使加工难度由内花键转为外花键。但在有些情况下，内花键允许与提高一级的外花键配合，公差带为H7的内花键可以与公差带为f6、g6、h6的外花键配合，公差带为H6的内花键，可以与公差带为f5、g5、h5的外花键配合，这主要是考虑矩形花键常用来作为齿轮的基准孔，在贯彻齿轮标准过程中，有可能出现外花键的定心直径公差等级高于内花键定心直径公差等级的情况。

为保证定心表面的配合性质，应对矩形花键规定如下要求：

(1) 小径的极限尺寸遵守包容要求。

(2) 采用综合检验法时，花键的位置度公差按表10-5和图10-6的规定。

表 10-5　矩形花键的位置度公差（摘自 GB/T 1144—2001）　　　　　　mm

键宽或键槽宽 B		3	3.5～6	7～10	12～18
键槽宽		0.010	0.015	0.020	0.025
键宽	滑动、固定	0.010	0.015	0.020	0.025
	紧滑动	0.006	0.010	0.013	0.016

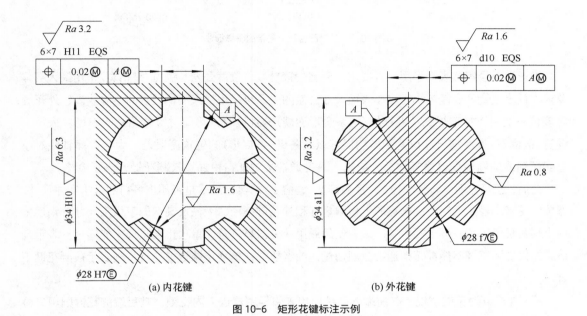

(a) 内花键　　　　　　　　　　　　　(b) 外花键

图 10-6　矩形花键标注示例

　　(3) 采用单项检验法时，花键可规定对称度公差，对较长的花键，可根据产品性能自行规定键侧对轴线的平行度公差。

　　(4) 表面粗糙度 Ra 推荐值如表 10-6 所示。

表 10-6　花键表面粗糙度推荐值

加工表面	内花键	外花键
	Ra 不大于/μm	
小径	1.6	0.8
大径	6.3	3.2
键侧	3.2	1.6

　　在图样上标注时，图 10-7(a) 为一花键副，其标注代号表示为：键数为 6，小径配合为 28 H7/f7，大径配合为 34 H10/a11，键宽配合为 7 H11/d10。在零件图上，花键公差仍按花键规格顺序注出，如图 10-7(b) 和 (c) 所示。

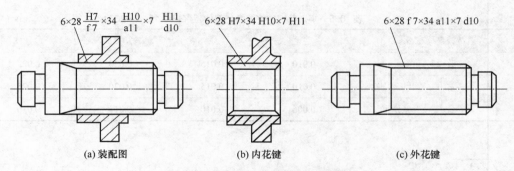

$6\times28\dfrac{H7}{f7}\times34\dfrac{H10}{a11}\times7\dfrac{H11}{d10}$　　　$6\times28\ H7\times34\ H10\times7\ H11$　　　$6\times28\ f7\times34\ a11\times7\ d10$

(a) 装配图　　　　　　　(b) 内花键　　　　　　　(c) 外花键

图 10-7　花键配合及公差带的图样标注

　　当花键小径定心表面采用包容要求，各键（各键槽）位置度公差与键宽（键槽宽）采用最大实体要求，且该位置度公差与小径定心表面尺寸公差的关系也采用最大实体要求时，验收内、外花键应该首先使用花键塞规和花键环规（均系全形通规）分别检验，可同时检验花键的小径、大径、键宽（键槽宽）表面的尺寸误差和形状误差以及各键（各键槽）的位置度误差、大径表面轴线对小径表面轴线的同轴度误差等的综合结果。花键通端量规能自由通过被测花键，表示合格。

　　此后，还要分别检验其小径、大径和键宽（键槽宽）的实际尺寸是否超出各自的最小实体尺寸，即按内花键小径、大径及键槽宽的上极限尺寸和外花键小径、大径及键宽的下极限尺寸分别用单项止端塞规和单项止端卡规检验，或者使用通用计量器具测量。单项止端量规不能通过，表示合格。如果被测花键不能被花键通端量规通过，或者能够被单项止端量规通过，则表示被测花键不合格。

　　图 10-8（a）为花键塞规。其前端的圆柱面用来引导塞规进入内花键，其后端的花键则用来检验内花键各部位。图 10-8（b）为花键环规。其前端的圆孔用来引导环规进入外花键，其后端的花键则用来检验外花键各部位。

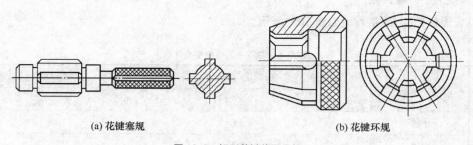

(a) 花键塞规　　　　　　　　　　　　(b) 花键环规

图 10-8　矩形花键位置量规

　　如图 10-6 所示，当花键小径定心表面采用包容要求，各键（键槽）的对称度公差以及花键各部位的公差皆遵守独立原则时，花键小径、大径和各键（键槽）应分别测量或检验。小径定心表面应该用光滑极限量规检验，大径和键宽（键槽宽）用两点法测量，键（键槽）的对称度误差和大径表面中心线对小径表面轴线的同轴度误差都使用通用计量器具来测量。

思考题与习题

一、简答题

1. 平键联结的特点是什么? 主要几何参数有哪些?

2. 平键联结为什么只对键宽(键槽宽)规定较严的公差?

3. 平键联结采用何种配合制? 花键联结又采用何种配合制?

4. 花键联结有哪些检测方式? 分别用于什么场合?

二、选择题

1. 在平键联结中，主要配合参数是_____。

A. 键宽　　　　　　　B. 键长　　　　　　C. 键高　　　　　　D. 键宽和槽宽

2. 国标规定，键联结中平键只有一种公差带为_____。

A. h7　　　　　　　　B. h8　　　　　　　C. h9

3. 平键联结中，键、键槽的形位公差中，_____是最主要的要求。

A. 平行度　　　　　　B. 对称度　　　　　C. 位置度　　　　　D. 同轴度

4. 花键联结一般选择配合制为_____。

A. 基孔制　　　　　　B. 基轴制　　　　　C. 混合制

三、综合题

1. 某减速器传递一般转矩，其中一齿轮与轴之间通过平键联结来传递转矩，已知轴径为 25mm，键宽为 8mm，试确定键槽的尺寸和配合，画出轴键槽的断面图和轮毂键槽的局部视图，并按规定进行标注。

2. 试说明花键副标注 6×23 H6/g6×30 H10/a11×6 H11/f9 的含义，并确定内、外花键的极限尺寸。

3. 机床变速箱中，有一个齿轮和轴采用矩形花键联结，花键规格为 6×26×30×6，花键孔长 30mm，花键轴长 80mm，齿轮花键孔经常需要相对花键轴做相对移动，传动精度要求较高。试确定:

(1)齿轮花键孔和花键轴的公差带代号，计算小径、大径、键(槽)宽的极限尺寸。

(2)分别写出在装配图和零件图上的标记。

参考文献

[1]　王伯平. 互换性与测量技术基础. 5 版. 北京：机械工业出版社，2019.

[2]　高晓康，陈于萍. 互换性与测量技术. 4 版. 北京：高等教育出版社，2015.

[3]　薛岩. 互换性与测量技术基础. 3 版. 北京：化学工业出版社，2021.

[4]　李正峰，黄淑琴. 互换性与测量技术. 3 版. 北京：科学出版社，2020.

[5]　齐新丹. 互换性与测量技术. 3 版. 北京：中国电力出版社，2019.

[6]　张铁. 互换性与测量技术. 2 版. 北京：清华大学出版社，2019.

[7]　刘金华，谈峰. 互换性与测量技术基础. 2 版. 北京：化学工业出版社，2019.

[8]　窦一曼. 极限配合与技术测量基础. 北京：化学工业出版社，2016.

[9]　宋文革. 极限配合与技术测量基础. 5 版. 北京：中国劳动社会保障出版社，2018.

[10]　张翠香. 极限配合与技术测量. 北京：机械工业出版社，2019.

[11]　张林. 极限配合与测量技术. 3 版. 北京：人民邮电出版社，2019.

[12]　甘永立. 几何量公差与检测. 10 版. 上海：上海科学技术出版社，2013.

[13]　杨光龙. 公差配合与测量技术. 北京：电子工业出版社，2020.

[14]　徐茂功. 公差配合与技术测量. 2 版. 北京：机械工业出版社，2021.

[15]　黄云清. 公差配合与测量技术. 4 版. 北京：机械工业出版社，2020.